五年制高职专用教材

建筑材料实训

主　编　李　春
副主编　朱　静
参　编　姬　寓　杨　铖
　　　　李霈清　谭卫东

北京理工大学出版社
BEIJING INSTITUTE OF TECHNOLOGY PRESS

内 容 提 要

本书主要对土木工程中常用建筑材料的常规试验项目，依据技术标准，从试验主要仪器设备、试验方法与步骤、试验记录表与数据处理等方面提供系统性、规范性指导。全书除绪论外，共有六个项目，分别为建筑材料基本性质检测、水泥检测、混凝土性能检测、建筑砂浆性能检测、钢筋检测、防水材料性能检测。

本书可作为高等院校建筑工程技术、建设工程管理、工程造价等专业的教材，也可作为相关专业工程技术人员的参考书。

版权专有　侵权必究

图书在版编目（CIP）数据

建筑材料实训 / 李春主编 . -- 北京：北京理工大学出版社，2024.4
ISBN 978-7-5763-3805-8

Ⅰ.①建… Ⅱ.①李… Ⅲ.①建筑材料－高等学校－教材 Ⅳ.①TU5

中国国家版本馆 CIP 数据核字（2024）第 076492 号

责任编辑：江　立	文案编辑：江　立
责任校对：周瑞红	责任印制：王美丽

出版发行 / 北京理工大学出版社有限责任公司
社　　址 / 北京市丰台区四合庄路 6 号
邮　　编 / 100070
电　　话 /（010）68914026（教材售后服务热线）
　　　　　（010）68944437（课件资源服务热线）
网　　址 / http：//www.bitpress.com.cn
版 印 次 / 2024 年 4 月第 1 版第 1 次印刷
印　　刷 / 北京紫瑞利印刷有限公司
开　　本 / 787 mm×1092 mm　1/16
印　　张 / 10.5
字　　数 / 247 千字
定　　价 / 42.00 元

图书出现印装质量问题，请拨打售后服务热线，负责调换

出版说明

　　五年制高等职业教育（简称五年制高职）是指以初中毕业生为招生对象，融中高职于一体，实施五年贯通培养的专科层次职业教育，是现代职业教育体系的重要组成部分。

　　江苏是最早探索五年制高职教育的省份之一，江苏联合职业技术学院作为江苏五年制高职教育的办学主体，经过20年的探索与实践，在培养大批高素质技术技能人才的同时，在五年制高职教学标准体系建设及教材开发等方面积累了丰富的经验。"十三五"期间，江苏联合职业技术学院组织开发了600多种五年制高职专用教材，覆盖了16个专业大类，其中178种被认定为"十三五"国家规划教材，学院教材工作得到国家教材委员会办公室认可并以"江苏联合职业技术学院探索创新五年制高等职业教育教材建设"为题编发了《教材建设信息通报》（2021年第13期）。

　　"十四五"期间，江苏联合职业技术学院将依据"十四五"教材建设规划进一步提升教材建设与管理的专业化、规范化和科学化水平。一方面将与全国五年制高职发展联盟成员单位共建共享教学资源，另一方面将与高等教育出版社、凤凰职业教育图书有限公司等多家出版社联合共建五年制高职教育教材研发基地，共同开发五年制高职专用教材。

　　本套"五年制高职专用教材"以习近平新时代中国特色社会主义思想为指导，落实立德树人的根本任务，坚持正确的政治方向和价值导向，弘扬社会主义核心价值观。本教材依据教育部《职业院校教材管理办法》和江苏省教育厅《江苏省职业院校教材管理实施细则》等要求，注重系统性、科学性和先进性，突出实践性和适用性，体现职业教育类型特色。教材遵循长学制贯通培养的教育教学规律，坚持一体化设计，契合学生知识获得、技能习得的累积效应，结构严谨，内容科学，适合五年制高职学生使用。本教材遵循五年制高职学生生理成长、心理成长、思想成长跨度大的特征，体例编排得当，针对性强，是为五年制高职教育量身打造的"五年制高职专用教材"。

江苏联合职业技术学院
教材建设与管理工作领导小组
2022年9月

前言

随着我国职业教育的蓬勃发展，国家对职业教育的重视程度达到了前所未有的高度。政府工作报告中强调，教育应以普及和巩固义务教育、加快发展和培养职业创新人才、培养大批具有熟练操作技能并能解决技术和工艺难题的高技能人才为目标。

本书为新型活页式教材，引用建筑材料新标准、规范及规程，强化理论实践教学与职业能力培养，遵循知识掌握规律，结合试验员、质检员、材料员等岗位实际工作任务进行职业技能实训，能较好地适应职业教育突出技能培养的要求。同时，本书注重培养团队协作与沟通、自主创新能力，并注重培养良好的安全文明操作意识和工匠精神。

本书在教学设计和内容组织上，具有以下特点。

1. 以实际应用为主线，突出实用性

不同材料的同种性能，其试验方法也不同，但每种材料的试验步骤基本相同。因此，结合实际工程中对材料性能的试验方法，本书每个情境按照"任务驱动→试验检测→数据处理与结果分析"的顺序安排内容。

此外，本书紧密结合"建筑材料"理论知识，主要介绍建筑材料基本性质检测、水泥检测、混凝土性能检测和建筑砂浆性能检测等内容。

2. 采用最新标准，操作步骤详尽

本书以现行建筑材料国家规范和标准为依据，结合相关标准中的操作步骤及实际工程中的试验仪器，详细地介绍了材料相关性能的试验方法、试验操作步骤和注意事项。

3. 结合实际工程，识读相关标准试验报告

在实际工作中，面对工程中的标准试验报告，很多工程从业人员不能根据报告中的相关数据评定该材料的等级或材料是否合格，为此，书后附有某工程施工单位使用的标准试验报告，以供学生识读。

本书内容与实际工程联系紧密。通过对本书的学习，学生能顺利完成"建筑材料"

课程的相关试验，提高自身的动手能力和解决实际问题的能力，从而为能够更好地适应相关工作岗位打下良好的基础。

  本书以党的二十大精神为指引，提升课程铸魂育人效果，引导学生践行社会主义核心价值观，本书通过"拓展知识"模块，介绍了建筑材料在社会主义现代化建设中的应用，从而进一步涵养学生的奋斗精神、敬业精神、奉献精神、创新精神、工匠精神、法治精神、绿色环保意识等。

  本书由江苏联合职业技术学院扬州分院李春担任主编，由江苏联合职业技术学院扬州分院朱静担任副主编，江苏联合职业技术学院南京分院姬寓、杨铖、李霈清和扬州市润泰工程质量检测有限公司谭卫东参与编写。

  由于编者水平有限，书中疏漏与欠妥之处在所难免，敬请广大读者批评指正，以便进一步完善。

编 者

目 录

绪　论 ··· 1
项目一　建筑材料基本性质检测 ···· 10
　任务一　密度试验 ·························· 11
　　一、主要仪器设备 ······················ 12
　　二、试样制备 ······························ 12
　　三、试验步骤 ······························ 12
　　四、试验结果计算 ······················ 12
　　五、试验记录表 ·························· 13
　任务二　表观密度试验 ·················· 16
　　一、主要仪器设备 ······················ 17
　　二、试验步骤 ······························ 17
　　三、试验结果计算 ······················ 17
　　四、试验记录表 ·························· 18
　任务三　堆积密度试验 ·················· 21
　　一、主要仪器设备 ······················ 22
　　二、试样制备 ······························ 22
　　三、试验步骤 ······························ 22
　　四、试验结果计算 ······················ 22
　　五、试验记录表 ·························· 23
项目二　水泥检测 ··························· 27
　任务一　水泥细度试验 ·················· 28
　　一、试验方法 ······························ 29
　　二、试验材料 ······························ 29
　　三、主要仪器设备 ······················ 29
　　四、试验步骤 ······························ 29
　　五、试验结果计算 ······················ 30

　　六、试验记录表 ·························· 30
　任务二　水泥标准稠度用水量试验 ···· 34
　　一、主要仪器设备 ······················ 35
　　二、试验步骤 ······························ 36
　　三、试验结果计算 ······················ 37
　　四、试验记录表 ·························· 38
　任务三　水泥凝结时间试验 ·········· 41
　　一、试验方法 ······························ 42
　　二、主要仪器设备 ······················ 42
　　三、试验步骤 ······························ 43
　　四、试验结果与评定 ·················· 43
　　五、试验记录表 ·························· 44
　任务四　水泥体积安定性试验 ······ 47
　　一、试验方法 ······························ 48
　　二、主要仪器设备 ······················ 48
　　三、试验步骤 ······························ 48
　　四、试验结果判别 ······················ 50
　　五、试验记录表 ·························· 50
　任务五　水泥胶砂强度试验 ·········· 53
　　一、主要仪器设备 ······················ 54
　　二、试验步骤 ······························ 56
　　三、试验结果评定 ······················ 58
　　四、试验记录表 ·························· 59
项目三　混凝土性能检测 ·············· 63
　任务一　混凝土骨料性能试验 ······ 64
　　一、砂的表观密度试验 ·············· 65

· 1 ·

二、砂的堆积密度试验……………………67
　　三、砂的颗粒级配及细度模数试验………68
　　四、石的表观密度试验……………………71
　　五、石的堆积密度试验……………………72
　　六、石的颗粒级配试验……………………74
　任务二　混凝土拌合物和易性试验…………78
　　一、试验方法………………………………79
　　二、主要仪器设备…………………………79
　　三、试验步骤………………………………79
　　四、试验结果评定…………………………81
　　五、试验记录表……………………………82
　任务三　混凝土抗压强度试验………………85
　　一、试验方法………………………………86
　　二、主要仪器设备…………………………86
　　三、试验步骤………………………………86
　　四、试验结果计算…………………………87
　　五、试验记录表……………………………88
　任务四　混凝土抗渗性能试验………………91
　　一、主要仪器设备…………………………92
　　二、试验步骤………………………………92
　　三、试验结果处理与分析…………………93
　　四、试验记录表……………………………93

项目四　建筑砂浆性能检测…………………97
　任务一　砂浆稠度试验………………………98
　　一、试验方法………………………………99
　　二、主要仪器设备…………………………99
　　三、拌合方法………………………………99
　　四、试验步骤……………………………100
　　五、试验结果评定………………………100
　　六、试验记录表…………………………100
　任务二　砂浆分层度试验…………………103
　　一、试验方法……………………………104
　　二、主要仪器设备………………………104
　　三、试验步骤……………………………104
　　四、试验结果评定………………………105
　　五、试验记录表…………………………105
　任务三　砂浆抗压强度试验………………108
　　一、试验方法……………………………109
　　二、主要仪器设备………………………109

　　三、试验步骤……………………………109
　　四、试验结果评定………………………110
　　五、试验记录表…………………………111

项目五　钢筋检测……………………………115
　任务一　钢筋拉伸试验……………………116
　　一、试验方法……………………………117
　　二、主要仪器设备………………………118
　　三、试验步骤……………………………118
　　四、试验结果计算………………………118
　　五、试验记录表…………………………119
　任务二　钢筋冷弯试验……………………122
　　一、试验方法……………………………123
　　二、主要仪器设备………………………123
　　三、试验步骤……………………………123
　　四、试验结果评定………………………124
　　五、试验记录表…………………………125

项目六　防水材料性能检测…………………129
　任务一　沥青针入度试验…………………130
　　一、主要仪器设备………………………131
　　二、试验步骤……………………………131
　　三、试验结果处理………………………132
　　四、试验记录表…………………………132
　任务二　沥青延度试验……………………135
　　一、主要仪器设备………………………136
　　二、试验步骤……………………………136
　　三、试验结果处理………………………137
　　四、试验记录表…………………………137
　任务三　沥青软化点试验…………………140
　　一、主要仪器设备………………………141
　　二、试验步骤……………………………142
　　三、试验结果处理与分析………………142
　　四、试验记录表…………………………143
　任务四　沥青防水卷材低温柔性试验……146
　　一、主要仪器设备………………………147
　　二、试验步骤……………………………147
　　三、试验结果处理与分析………………148
　　四、试验记录表…………………………148

参考文献………………………………………160

绪 论

项目导入

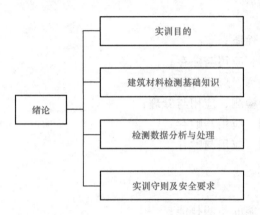

实训教学是培养学生技能的重要环节，也是职业教育中不可缺少的部分。通过实训，可以使学生将课本中所学知识灵活运用到实际工作中，这对提高学生的专业实践能力起着极其重要的作用。

建筑材料实训课程的教学，主要依据国家、行业、地方及企业的相关标准和规范，对建筑工程中所使用的原材料进行试样抽取和性能检测，并给出结论和评价。

任务一　实训目的

通过建筑材料的常规试验操作，使学生获得建筑材料性能检测的相关技能，以便在今后的工作实践中，学生能根据建筑工程特点和使用环境对材料正确进行进场验收、抽检、复检、保管等工作，进一步加深和巩固所学的理论知识。

一、知识目标

(1)建筑材料的基本性质；
(2)水泥的性能检测、应用与贮存；
(3)混凝土的性能检测、应用与管理；
(4)建筑砂浆的性能检测、应用与管理；
(5)钢筋的性能检测、应用与贮存；
(6)沥青的性能检测、应用与贮存。

二、职业技能目标

(1)各种建筑材料性能的检测技能；
(2)材料的采购、验收、入库管理技能；
(3)建筑工程现场建筑材料的质量检测技能。

三、职业素养目标

(1)具有正确的人生观、价值观及民主法制观念；
(2)具有敬业精神、创新精神，良好的组织纪律性和职业道德；
(3)具有较扎实的技术基础理论知识和专业知识及较强的实际动手能力；
(4)具有良好的心理素质和团队协作精神，具有善于与人交往、沟通的能力。

任务二　建筑材料检测基础知识

■ 一、材料检测的主要内容

1. 取样

在进行材料检测之前，首先要选取有代表性的材料作为试样。取样的原则是代表性和随机性，即在若干批次的材料中，按照相应规定对任意堆放的材料抽取一定数量试样，并依据测试结果对其所代表的批次的质量进行判断。取样方法因材料的不同而不同，有关的技术标准中都作出了明确的规定。

2. 仪器的选择

材料检测仪器的选择要充分考虑精度和量程的要求。通常，称量精度大致为试样质量的 0.1%，有效量程以仪器最大量程的 20%~80% 为宜。例如，需要称取试件或称量试样的质量时，若试样称量的精度要求为 0.1 g，则应先用感量为 0.1 g 的天平。需要测量试件的尺寸时，同样有精度要求，一般对边长大于 50 mm 的试件，精度可取 1 mm；对边长小于 50 mm 的试件，精度可取 0.1 mm。进行力学试验时，对试验机量程的选择，应根据试件破坏荷载的大小，以使指针停在试验机度盘的 20%~80% 为宜。

3. 测试

检测前，一般应将取得的试样进行处理、加工或成型，以制备满足检测要求的试样或试件。制备方法随检测项目而异，应严格按照各个试验所规定的方法进行，如混凝土抗压强度检测要制成标准立方体的试件，水泥胶砂抗压、抗折强度检测要制成相应尺寸的试件。

4. 结果计算与评定

对各检测结果，进行数据处理，一般情况下，取 n 次平行检测结果的算术平均值作为检测结果。检测结果应满足精度和有效数字的要求。

检测结果经计算处理后，应给予相应的评定，评定是否满足标准要求，评定其等级。有时，根据需要还应对检测结果进行分析，并得出结论。

■ 二、检测条件

由于材料自身的复杂性，总会有所不同，材料检测不会是完全相同的。同一材料在检测的条件发生变化时，质量特性会有很大的不同，导致得出不同检测结果。如试件尺寸、温度、湿度、荷载及试件制作的差别都会引起检测数据的变化，最终影响检测数据的准确性。

1. 试件尺寸

由材料力学性质可知，当试件受压时，对于同一材料，小试件的强度比大试件的强度高。相同受压面积的试件，高度大的试件比高度小的试件检测强度小。因此，对于试件的尺寸大小，相关标准规范都有规定。如混凝土立方体抗压强度试件，标准立方体试件尺寸是 150 mm×150 mm×150 mm。如果不采用标准立方体试件尺寸,计算过程中要乘以相应的折算系数。

2. 温度

检测时的温度对材料的某些检测结果影响很大,特别是温度在冷热极端的情况下对检测结果的影响更加明显。在常温下进行检测,对一般材料来说影响不大,但对温度敏感性较强的材料,必须严格控制温度。一般情况下,材料的强度会随着检测时温度的升高而降低。

3. 湿度

检测时试件的湿度也明显影响检测数据,试件的湿度越大,测得的强度越低。在物理性能测试中,材料的干湿程度对检测结果的影响更为明显。因此,在检测时试件的湿度应控制在一定范围内。

4. 受荷面平整度

试件的受荷面平整度也会对检测强度造成影响,如受荷面不平整,较为粗糙,会引起应力集中而使强度大为降低。在混凝土强度检测中,不平整度达到 0.25 mm 时,强度可能降低 30%。上凸比下凹引起的应力集中更加明显。所以,受压面必须平整,如成型面受压,必须使用适当强度的材料找平。

5. 加载速度

施加于试件的加载速度对强度检测结果有较大影响,加载速度越慢,测得的强度越低,这是由于应变有足够的时间发展,应力还不大时变形已达到极限应变能力,试件即被破坏。因此,对各种材料的力学性能检测都有加载速度的规定。

■ 三、检测报告

材料检测的主要结果应在检测报告中反映,检测报告的格式可以不尽相同,但一般都由封面、扉页、报告主页、附件等组成。

工程的质量检测报告内容一般包括委托方名称和地址、报告日期、样品编号、工程名称、样品产地和名称、规定及代表数、检测条件、检测项目、检测结果和结论、审核与批准信息、有效性声明等一些辅助备注说明等。

检测报告反映的是质量检测经过数据整理、计算、编制的结果,而不是原始记录,更不是计算过程的罗列。经过整理计算后的数据可以用图表等形式表示,达到说明的目的,起到一目了然的效果。

■ 四、原始记录

为了编写出符合要求的检测报告,在整个检测过程中必须认真做好有关现象及原始数据的记录,以便于分析、评定检测结果。

(一)检测记录的基本要求

1. 完整性

检测记录的完整性要求是:检测记录应齐全以保证检测行为能够再现,检测表格内容应齐全，记录齐全，计算公式齐全，步骤齐全，应附加的曲线、资料齐全，签字手续齐全，工程检测记录档案齐全完整。

2. 严肃性

检测记录的严肃性要求是：按规定要求记录、修正检测数据，确保记录具有合法性和有效性；记录数据清晰、规整，保证其识别的唯一性；检测、记录、数据处理及计算过程的规范性，保证其校核的简便、正确。

3. 实用性

检测记录的实用性要求是：记录应符合实际需要，记录表格应按参数技术特性设计，栏目先后顺序表现较强的逻辑关系；表格栏目内容应包含数据处理过程和结果；表格应按检测需要设计栏目，避免检测时多数栏目出现空白情况；记录用纸应符合归档和长期保存的要求。

4. 原始性

检测记录的原始性要求是：检测记录必须当场完成，不得追记、誊写，不得事后采取回忆方式补记；记录的修正必须当场完成，不得事后修改；记录必须按规定使用的笔完成；记录表格必须是统一规格的正式表格，不得采用临时设计未经过批准的非正式表格。

5. 安全性

检测记录的安全性要求是：记录应有编码，以保证其完整性；记录应定点有序存放保管，不得丢失和损坏；记录应按保密要求妥善保管；记录内容不得随意扩散，不得占有利用；记录应及时整理，全部上交归档，不得私自留存。

(二)原始记录的基本要求

(1)所有的原始记录应按规定的格式填写，书写时应使用蓝(黑)钢笔或签字笔，要求字迹端正、清晰，不得漏记、补记、追记。记录数据占记录格的1/2以下，以便修正记录错误。

(2)修正记录错误应遵循"谁记录谁修正"的原则，由原始记录人员采用"杠改"方式更正，即先杠改发生的错误记录，表示该记录数据已经无效，然后在杠改记录覆没的右上方填写正确的数据，并加盖自己的专用名章或签名。其他人不得代替原始记录人修改。在任何情况下都不得采用涂抹、刮除或其他方式销毁原错误记录，并应保证其清晰可见。

(3)使用法定的计量单位，按标准规定的有效数字的位数记录，正确进行数据修约。

(4)原始记录在检测期间应由检测人妥善保管，不丢失、不损坏。

(5)原始记录应用书面方式归档保存。

(6)原始记录属于保密文件，无关人员不得随意借阅，借阅时需按规定程序批准。

(7)原始记录的保存期应根据要求确定。如根据我国目前有关政策规定，工程的检测记录要求在工程使用期内不得销毁。

任务三　检测数据分析与处理

一、数据分析

(一)误差

在材料检测中,由于检测仪器设备、方法、人员或环境等因素,检测结果与被测量的量的真值之间总会有一定的差距。误差就是指测量结果与真值之间的差异。

1. 绝对误差和相对误差

绝对误差是测试结果 X 减去被测试结果的真值 X_0 所得的差,简称误差,即 $\Delta = X - X_0$。绝对误差往往不能用来比较测试的准确程度,为此,需要用相对误差来表达差异。相对误差是绝对误差 Δ 除以被测量的量的真值 X_0 所得的商,即 $\delta = \Delta / X_0 \times 100\% = (X - X_0)/X_0 \times 100\%$。

2. 系统误差和随机误差

系统误差是指在重复条件下(在测量程序、人员、仪器、环境等尽可能相同的条件下,在尽可能短的时间间隔内完成重复测量任务),对同一量进行无限多次测量所得结果的平均值与被测量的真值之差。系统误差决定测量结果的正确程度,其特征是误差的绝对值和符号保持恒定或遵循某一规律变化。

随机误差是指测量结果在重复条件下,对同一被测量进行无限多次测量所得结果的平均值之差。随机误差决定测量结果的精密程度,其特征是每次误差的取值和符号没有一定规律,且不能预计,多次测量的误差整体服从统计规律,当测量次数不断增加时,其误差的算术平均值趋于零。

(二)可疑数据的取舍

为了使分析结果更符合客观实际,必须剔除明显歪曲试验结果的测定数据。正常数据总是有一定的分散性,如果人为删去未经检验断定其离群数据的测定值(即可疑数据),由此得到精密度很高的测定结果并不符合客观实际。因此,对可疑数据的取舍必须遵循一定原则,具体如下:

(1)测量中发现明显的系统误差和过失错误,由此而产生的分析数据应随时剔除。
(2)可疑数据的取舍应采用统计学方法判别,即离群数据的统计检验。

二、数据统计

(一)数值的均值

1. 算术平均值

算术平均值是表示一组数据集中位置最有用的统计特征量,经常用样本的算术平均值来代表总体的平均水平。总体的算术平均值用 μ 表示,样本的算术平均值则用 $\bar{x}$ 表示。如果 n 个样本数据为 $x_1, x_2, \cdots, x_n$,那么,样本的算术平均值可按下式计算:

$$\overline{x} = \frac{1}{n}(x_1 + x_2 + \cdots + x_n) = \frac{1}{n}\sum_{i=1}^{n} x_i$$

2. 加权平均值

若不同的人去测定同一物理量或对同一物理量用不同的方法进行测定,测定的数据可能会受到某种因素的影响,这种影响的权重必须给予考虑,一般采用加权平均的方法进行计算。其表达方法如下:

$$W = \frac{W_1 x_1 + W_2 x_2 + \cdots + W_n x_n}{W_1 + W_2 + \cdots + W_n}$$

(二)中位数

在一组数据 $x_1, x_2, \cdots, x_n$ 中,按其大小次序排序,以排列在正中间的一个数表示总体的平均水平,称之为中位数,或称中值,用 $\overline{x}$ 表示。n 为奇数时,正中间的数只有一个;n 为偶数时,正中间的数有两个,则取这两个数的平均值作为中位数,即

$$\overline{x} = \begin{cases} x_{\frac{n+1}{2}} & (n\text{ 为奇数}) \\ \frac{1}{2}\left(x_{\frac{n}{2}} + x_{\frac{n}{2}+1}\right) & (n\text{ 为偶数}) \end{cases}$$

(三)数据的离散程度

标准差是反映一组数据离散程度最常用的一种量化形式,是表示精确度的重要指标。当使用某种方法进行检测时,检测方法总是有误差的,所以检测值并不是其真实值。检测值与真实值之间的差距就是评价检测方法具有决定性的指标。但是真实值是多少,不得而知。因此,怎样量化检测方法的准确性就成了难题。

虽然样本的真实值是不可能知道的,但是每个样本总是会有一个真实值,无论是多少。可以想象,一个好的检测方法,其检测值应该很紧密地分散在真实值周围。如果不紧密,与真实值的距离就会大,准确性当然也就不好了,不可能想象离散度大的方法会测出准确的结果。因此,离散度是评价方法好坏的最重要也是最基本的指标。

1. 标准差的定义

标准差在概率统计中最常使用,作为统计分布程度上的测量。标准差定义为方差的算术平方根,反映组内个体间的离散程度。

2. 标准差计算公式

假设有一组数值 $x_1, x_2, \cdots, x_n$(皆为实数),其平均值为 μ,计算公式如下:

$$\mu = \frac{1}{N}\sum_{i=1}^{N} x_i$$

标准差也被称为标准偏差,或者试验标准差,计算公式如下:

$$\sigma = \sqrt{\frac{1}{N}\sum_{i=1}^{N}(x_i - \mu)^2}$$

简单来说,标准差是一组数据平均值分散程度的一种度量。一个较大的标准差,代表大部分数值和其平均值之间差异较大;一个较小的标准差,代表这些数值较接近平均值。例如,两组数的集合{0, 5, 9, 14}和{5, 6, 8, 9},其平均值都是7,但第二个集合具有较小的标准差。

3. 样本标准差

在真实世界中，除非在某些特殊情况下，找到一个总体真实的标准差是不现实的。大多数情况下，总体标准差是通过随机抽取一定量的样本，并计算样本标准差估计的。

从一组数值中抽取一样本数值组合，常定义其样本标准差：

$$s = \sqrt{\frac{1}{n-1}\sum_{i=1}^{N}(x_i - \mu)^2}$$

样本方差 s 是对总体方差 σ 的无偏估计。s 中分母为 $n-1$ 是因为样本的自由度为 $n-1$，这是由于存在约束条件。

■ 三、数据的修约

(一) 有效数字修约

有效数字修约按国家标准《数值修约规则与极限数值的表示和判定》(GB/T 8170—2008) 的规定进行，具体如下：

(1) 拟舍弃数字的最左一位数字小于 5 时，则舍去，即拟保留的末位数字不变。例如，将 12.149 8 修约到一位小数得 12.1，修约成两位有效位数得 12。

(2) 拟舍弃数字的最左一位数大于 (或等于) 5，而其右边的数字并非全部为 0 时，则进 1，即所拟保留的末位数字加 1。例如，10.61 和 10.502 修约成两位有效数字均得 11。

(3) 拟舍弃的数字的最左一位数为 5，而其右边的数字皆为 0 时，若拟保留的末位数字为奇数则进 1，为偶数 (包括 0) 则舍弃。例如，1.050 和 0.350 修约到一位小数时，分别得 1.0 和 0.4。

(4) 所拟舍弃的数字，若为两位以上数字时不得连续多次修约，应按上述规定一次修约出结果。例如，将 15.454 6 修约成两位有效数字，应得 15，而不能 15.454 6→15.455→15.46→15.5→16。

取舍原则可简记为："四舍六入五留双"或"四舍五入，奇进偶舍"。

《数值修约规则与极限数值的表示和判定》(GB/T 8170—2008)

(二) 有效数字的运算规则

1. 加法和减法运算规则

先将全部数字进行运算，而后对和或差修约，其小数点后有效数字的位数应与各数字中的小数点后的位数最少者相同。例如，$4.007 - 2.002\ 5 - 1.05 = 0.954\ 5 → 0.95$。

2. 乘法和除法运算规则

先用全部数字进行运算，而后对积或商修约，其有效数字的位数应和参加运算的数中有效数字位数最小者相同。例如，$7.78 \times 3.486 = 27.121\ 08 → 27.1$。

3. 对数运算规则

进行对数运算时，对数值的有效数字位数只由尾数部分的位数决定，首数部分为 10 的幂数，与有效数字位数无关。例如，$\log 1\ 234 = 3.091\ 3$。

4. 乘方和开方运算规则

计算结果有效数字的位数和原数相同。例如，$\sqrt{1.4 \times 10^2} = 11.832\ 159\ 57 → 12$。

> **注意**
>
> 有效数字进行加、减、乘、除运算时，一般不得在运算之前把多余位数进行舍入修约。

任务四　实训守则及安全要求

（1）学生必须按照教学计划规定时间到实验室上课，不得迟到、早退。无故迟到早退者扣除当次试验操作成绩，操作成绩根据试验个数按百分制平均分配。

（2）试验前应认真预习，熟悉熟悉相关内容，明确试验目的、内容及步骤，对设计性试验要求预先拟订试验方案，并准备好接受指导教师的提问和检查。

（3）进入实验室必须遵守实验室的一切规章制度，注意环境卫生。禁止高声喧哗，禁止吸烟，禁止随地吐痰及乱扔纸屑杂物或坐在试验台上。

（4）学生应按规定的分组进行试验。准备工作就绪后，经指导教师同意方可进行正式试验，试验过程中如对设备有疑问，应及时向指导教师提出，不得自行拆卸。

（5）试验中要遵守试验操作规程，禁止动用与本试验无关的仪器设备和其他设施。要注意节约水、电和耗材，爱护试验器材。

（6）试验中要注意人身及设备安全，严格遵守实验室安全制度。试验中如出现事故（人身、设备、水电等）要保持镇静并及时采取措施（如切断电源、气）防止事故扩大并应立即向指导教师报告，停机检查原因并保护现场。

（7）试验中凡损坏仪器设备、工具器皿者，应主动说明原因，并在试验教学管理记录本上登记，由指导教师或实验室工作人员根据规定酌情处理并上报上级主管部门。

（8）使用电器设备时，应特别细心，切不可用湿手去开启电闸和电器开关。凡漏电的仪器禁止使用，以免触电。

（9）仪器在操作过程中人不得离开，在进行水泥或混凝土抗折抗压试验中，人与仪器应保持适当的距离，以免试块折断或压碎时飞溅伤人。进入实验室不得在混凝土振动台上站立或跳跃。

（10）试验过程中当遇到停水停电时应及时关闭各开关，严禁在停电时不关闭电源将手伸入搅拌锅中取物或清理仪器，以免恢复供电时发生事故。水、电、仪器使用完毕应立即关闭。离开实验室时应仔细检查水电、仪器开关及门和窗户是否关闭妥当。

（11）实验室应保持整齐、干净。试验过程中及试验后废弃的水泥、砂子、石子应分别倒入规定的水桶中，不得混倒，做材料基本物理性质试验中磨细的粉料，试验后需回收再使用，不得任意撒倒。碎纸、玻璃片、抹布、水泥、砂子、石子等不得倒入水池以免堵塞下水道。

（12）做试验时必须严格要求、实事求是，遵守操作规程，服从教师指导，认真观察试验现象并如实记录试验数据。

（13）试验完毕，各试验小组应清点好领用的器具并将其清洗整理干净，交教师检查验收。各试验小组以组为单位在试验仪器使用记录登记本上登记，试验数据经指导教师审阅签字后方可离开实验室。打扫卫生实行全体轮换制，在该试验课程期间每人必须进行一次卫生清扫工作。打扫卫生的同学将公共使用仪器清洗整理干净，实验室卫生搞好经指导教师验收登记同意后方可离开实验室。

（14）按规定时间和要求，认真分析、整理和处理试验结果，撰写试验报告，不得抄袭和臆想，按时交教师批阅。试验不合格者必须重做，试验报告不合格者必须重写。

（15）对不遵守本规则的学生，指导教师和试验技术人员视情节轻重进行批评教育，直至责令其停止试验。

项目一　建筑材料基本性质检测

项目导入

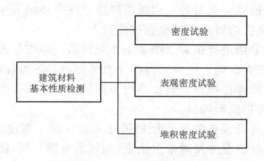

建筑工程材料实训是建筑材料课程一个重要的实践性教学环节。通过试验，使学生熟悉建筑工程材料性能试验基本方法、试验设备的性能和操作规程，掌握各种主要建筑工程材料的技术性质，培养学生的基本试验技能、综合设计试验的能力、创新能力和严谨的科学态度，提高分析问题和解决问题的能力。

建筑工程材料试验时，各种材料的取样方法、试验条件及试验结果数据处理，必须按照国家(或部颁)现行的有关标准和规范进行，确保试验结果的代表性、稳定性、正确性和对比性。

任务一　密度试验

任务引入

材料的基本性质主要有物理性质、力学性质和耐久性质等。虽然不同的材料由于其组成、结构和构造有所差异，以及工程上对其要求不尽相同，从而有不同的试验方法和侧重的试验项目，但试验的基本原理是一致的。本试验内容包括材料的密度、表观密度、堆积密度等基本性质的试验。

任务目的

测定材料在绝对密实状态下单位体积的质量。利用密度可计算材料的孔隙率和密实度。孔隙率的大小会影响到材料的吸水率、强度、抗冻性及耐久性等。

任务分组

班级		组号		指导教师			
组长		学号					
组员	姓名	学号	姓名	学号	姓名	学号
任务分工							

获取信息

引导问题：什么是密度？

_____

_____

_____

_____

_____

相关知识

密度是指材料在绝对密实状态下单位体积的质量。在常用的土木工程材料中，除钢、玻璃、沥青等可近似认为不含孔隙外，绝大多数土木工程材料都含有孔隙。

测定含孔材料绝对密实体积的简单方法是将该材料磨成细粉，干燥后用排液法测得的粉末体积即绝对密实体积。由于磨得越细，内部孔隙消除得越完全，故测得的体积也就越精确。对于砂石，因其孔隙率很小，一般直接用排水法测定其密度。

实施步骤

一、主要仪器设备

(1)李氏瓶。
(2)天平。
(3)筛子。
(4)鼓风烘箱。
(5)量筒。
(6)干燥器、温度计等。

仪器设备

二、试样制备

将试样研碎，用筛子除去筛余物，放到105~110 ℃的烘箱中，烘至恒重，再放入干燥器中冷却至室温。

三、试验步骤

(1)在李氏瓶中注入与试样不起反应的液体至凸颈下部，记下刻度数 V_0(mL)。将李氏瓶放在盛水的容器中，在试验过程中保持水温为20 ℃。

(2)用天平称取60~90 g试样，用漏斗和小勺小心地将试样慢慢送到李氏瓶内(不能大量倾倒，防止在李氏瓶喉部发生堵塞)，直至液面上升至接近20 mL为止。再称取未注入瓶内剩余试样的质量，计算出送入瓶中试样的质量 m(g)。

(3)用瓶内的液体将黏附在瓶颈和瓶壁的试样洗入瓶内液体中，转动李氏瓶使液体中的气泡排出，记下液面刻度 V_1(mL)。

(4)将注入试样后的李氏瓶中的液面读数 V_1，减去未注入前的读数 V_0，得到试样的密实体积 V(mL)。

四、试验结果计算

材料的密度按下式计算(精确至小数后第二位)：

$$\rho = \frac{m}{V}$$

式中　ρ——材料的密度(g/cm³)；

m——装入瓶中试样的质量(g);
V——装入瓶中试样的绝对体积(mL)。

注意

按规定,密度试验用两个试样平行进行,以其计算结果的算术平均值作为最终结果,但两个结果之差不应超过 0.02 g/cm^3,否则应重新测试。

五、试验记录表

将试验数据记入表1-1中。

表 1-1　密度试验数据记录表

试验名称: _____			试验日期: _____年___月___日		
气　温: _____			湿　度: _____		

序号	首次液面读数 V_1/mL	二次液面读数 V_2/mL	试样绝对体积 V/mL	试样质量 m/g	密度/(g·cm^{-3})
1					
2					
3					

结论:两次试验取算术平均值,试验密度为 _____ g/cm³。

任务评价

(1)学生进行自我评价,并将结果填入表1-2中。

表 1-2　学生自评表

班级		姓名		学号	
学习任务		密度试验			
评价项目		评价标准		分值	得分
密度试验方法		能正确检测密度		5	
仪器设备		正确使用仪器设备,熟悉其性能		10	
试验步骤		试验步骤符合规范要求		30	
数据处理		正确处理试验数据,评定结果		15	
工作态度		态度端正,无无故缺勤、迟到、早退现象		10	
工作质量		能按计划完成任务		10	
协调能力		与小组成员之间能合作交流、协调工作		5	
职业素质		能做到保护环境,爱护公共设施		5	
安全意识		做好安全防护,检查仪器设备,安全使用材料		5	
创新意识		通过阅读规范,能更好地完成密度试验		5	
合计				100	

（2）学生以小组为单位进行互评，并将结果填入表1-3中。

表1-3　学生互评表

班级								
	学习任务	密度试验						
	评价项目	分值	评价对象得分					
	密度试验方法	5						
	仪器设备	10						
	试验步骤	30						
	数据处理	15						
	工作态度	10						
	工作质量	10						
	协调能力	5						
	职业素质	5						
	安全意识	5						
	创新意识	5						
	合计	100						

（3）教师对学生工作过程与结果进行评价，并将结果填入表1-4中。

表1-4　教师综合评价表

班级		姓名		学号	
	学习任务	密度试验			
	评价项目	评价标准		分值	得分
	密度试验方法	能正确检测建筑密度		5	
	仪器设备	正确使用仪器设备，熟悉其性能		10	
	试验步骤	试验步骤符合规范要求		30	
	数据处理	正确处理试验数据，评定结果		15	
	工作态度	态度端正，无无故缺勤、迟到、早退现象		10	
	工作质量	能按计划完成任务		10	
	协调能力	与小组成员之间能合作交流、协调工作		5	
	职业素质	能做到保护环境，爱护公共设施		5	
	安全意识	做好安全防护，检查仪器设备，安全使用材料		5	
	创新意识	通过阅读规范，能更好地完成密度试验		5	
		合计		100	
综合评价	自评(20%)	小组互评(30%)		教师评价(50%)	综合得分

任务小结

任务二　表观密度试验

任务引入

材料的表观密度是建筑材料的一项重要基本性质。在混凝土中，骨料的表观密度越高，混凝土的密实性就越好，抗压强度和耐久性也会越高。

任务目的

测定材料在自然状态下单位体积的质量。利用材料的表观密度可以估计材料的强度、吸水性、保温性等，同时可用来计算材料的自然体积或结构物质。

任务分组

班级		组号		指导教师			
组长		学号					
组员	姓名	学号	姓名	学号	姓名	学号
任务分工						

获取信息

引导问题：什么是表观密度？

_____

_____

_____

_____

_____

_____

相关知识

表观密度是指材料在自然状态下单位体积的质量。测定材料在自然状态下的体积的方法较简单,若材料外观形状规则,可直接度量外形尺寸,按几何公式计算;若外观形状不规则,可用排液法测得,为了防止液体由孔隙渗入材料内部而影响测定值,应在材料表面涂蜡。对于砂石,由于孔隙率很小,常将视密度叫作表观密度。如果要测定砂石真正意义上的表观密度,应蜡封开口孔后用排水法测定。

当材料含水时,重量增大,体积也会发生变化,所以,测定表观密度时须同时测定其含水率,注明含水状态。材料含水状态有气干、烘干、饱和面干和湿润四种。一般为气干状态。烘干状态下的表观密度称为干表观密度。

实施步骤

一、主要仪器设备

(1)鼓风烘箱。
(2)天平。
(3)干燥器。
(4)直尺、游标卡尺等。

仪器设备

二、试验步骤

(1)将几何形状规则的试样放入105~110 ℃的烘箱中烘至恒重,取出置于干燥器中冷却至室温。

(2)用游标卡尺量出试样尺寸,试样为正方体或平行六面体时,以每边测量上、中、下三次的算术平均值为准,并计算出体积V_0;试样为圆柱体时,以两个互相垂直的方向量的直径,各方向上、中、下测量三次,以六次的算术平均值为准确定其直径,并计算出体积V_0。

(3)用天平称量出试样的质量m。

三、试验结果计算

材料的表观密度按下式计算:

$$\rho_0 = m/V_0$$

式中 ρ_0——材料的表观密度(g/cm³);
　　m——试样的质量(g);
　　V_0——试样的体积(cm³)。

> **注意**
> 对非规则几何形状的材料(如卵石等):其自然状态下的体积V_0可用排液法测定,在测

定前应对其表面封蜡，封闭开口孔后，再用容量瓶或广口瓶进行测试。其余步骤同规则形状试样的测试。

四、试验记录表

将试验数据记入表1-5中。

表1-5 表观密度试验数据记录表

试验名称：_____　　　　　　　　试验日期：_____年___月___日
气　　温：_____　　　　　　　　湿　度：_____

序号	试样长 l /mm	试样宽 b /mm	试样高 h /mm	试样体积 V_0 /mm³	试样质量 m /g	表观密度 ρ'_0 /(g·cm⁻³)
1						
2						
3						

结论：两次试验取算术平均值，试验密度为_____ g/cm³。

任务评价

（1）学生进行自我评价，并将结果填入表1-6中。

表1-6 学生自评表

班级		姓名		学号	
学习任务		表观密度试验			
评价项目		评价标准		分值	得分
表观密度试验方法		能正确检测建筑材料表观密度		5	
仪器设备		正确使用仪器设备，熟悉其性能		10	
试验步骤		试验步骤符合规范要求		30	
数据处理		正确处理试验数据，评定结果		15	
工作态度		态度端正，无无故缺勤、迟到、早退现象		10	
工作质量		能按计划完成任务		10	
协调能力		与小组成员之间能合作交流、协调工作		5	
职业素质		能做到保护环境，爱护公共设施		5	
安全意识		做好安全防护，检查仪器设备，安全使用材料		5	
创新意识		通过阅读规范，能更好地完成表观密度试验		5	
		合计		100	

(2)学生以小组为单位进行互评,并将结果填入表 1-7 中。

表 1-7　学生互评表

班级								
	学习任务	表观密度试验						
	评价项目	分值	评价对象得分					
	表观密度试验方法	5						
	仪器设备	10						
	试验步骤	30						
	数据处理	15						
	工作态度	10						
	工作质量	10						
	协调能力	5						
	职业素质	5						
	安全意识	5						
	创新意识	5						
	合计	100						

(3)教师对学生工作过程与结果进行评价,并将结果填入表 1-8 中。

表 1-8　教师综合评价表

班级		姓名		学号	
	学习任务	表观密度试验			
	评价项目	评价标准		分值	得分
	表观密度试验方法	能正确检测建筑材料表观密度		5	
	仪器设备	正确使用仪器设备,熟悉其性能		10	
	试验步骤	试验步骤符合规范要求		30	
	数据处理	正确处理试验数据,评定结果		15	
	工作态度	态度端正,无无故缺勤、迟到、早退现象		10	
	工作质量	能按计划完成任务		10	
	协调能力	与小组成员之间能合作交流、协调工作		5	
	职业素质	能做到保护环境,爱护公共设施		5	
	安全意识	做好安全防护,检查仪器设备,安全使用材料		5	
	创新意识	通过阅读规范,能更好地完成表观密度试验		5	
		合计		100	
综合评价	自评(20%)	小组互评(30%)	教师评价(50%)	综合得分	

任务小结

任务三　堆积密度试验

任务引入

材料的基本物理性质——堆积密度，其数值可以得到孔隙率，通过孔隙率大小可以粗略判断砂石料的级配等指标。

任务目的

测定散粒或粉状材料（如砂、石等）在自然堆积状态下（包括颗粒内部的孔隙及颗粒之间的空隙）单位体积的质量。

任务分组

班级		组号		指导教师		
组长		学号				
组员	姓名	学号	姓名	学号	姓名	学号
任务分工						

获取信息

引导问题：什么是堆积密度？

_____

_____

_____

_____

_____

_____

相关知识

堆积密度是指散粒材料在堆积状态下单位堆积体积的质量。材料的堆积密度定义中也未注明材料的含水状态。根据散粒材料的堆积状态,堆积体积分可为自然堆积体积和紧密堆积体积(人工捣实后)。由紧密堆积测得的堆积密度称为紧密堆积密度。

实施步骤

一、主要仪器设备

(1)李氏瓶。
(2)天平。
(3)筛子。
(4)鼓风烘箱。
(5)容量筒。
(6)标准漏斗、直尺、浅盘、毛刷等。

仪器设备

二、试样制备

用四分法缩取 3 L 的试样放入浅盘中,将浅盘放入温度为 105~110 ℃ 的烘箱中烘至恒重,再放入干燥器中冷却至室温,分为两份大致相等的待用。

三、试验步骤

(1)称取标准容器的质量 m_1(g)。
(2)取试样一份,经过标准漏斗将其徐徐装入标准容器内,待容器顶上形成锥形,用钢尺将多余的材料沿容器口中心线向两个相反方向刮平。
(3)称取容器与材料的总质量 m_2(g)。

四、试验结果计算

试样的堆积密度可按下式计算(精确至 10 kg/m³):

$$\rho'_0 = \frac{m_2 - m_1}{V'_0}$$

式中　ρ'_0——材料的堆积密度(kg/m³);
　　　m_1——标准容器的质量(kg);
　　　m_2——标准容器和试样总质量(kg);
　　　V'_0——标准容器的容积(m³)。

注意

以两次试验结果的算术平均值作为堆积密度测定的结果。

五、试验记录表

将试验数据记入表 1-9 中。

表 1-9　堆积密度试验数据记录表

试验名称：_____　　　　　　　试验日期：_____年___月___日
气　　温：_____　　　　　　　湿　度：_____

序号	(容器质量＋试样质量)m_2 /kg	容器质量 m_1 /kg	容器容积 V_0' /m³	试样质量 m /g	堆积密度 ρ_0' /(kg·m^{-3})
1					
2					
3					

结论：两次试验取算术平均值，试验密度为_____ kg/m³。

任务评价

(1)学生进行自我评价，并将结果填入表 1-10 中。

表 1-10　学生自评表

班级			姓名		学号	
	学习任务	堆积密度试验				
	评价项目		评价标准		分值	得分
	堆积密度试验方法		能正确检测建筑材料堆积密度		5	
	仪器设备		正确使用仪器设备，熟悉其性能		10	
	试验步骤		试验步骤符合规范要求		30	
	数据处理		正确处理试验数据，评定结果		15	
	工作态度		态度端正，无无故缺勤、迟到、早退现象		10	
	工作质量		能按计划完成任务		10	
	协调能力		与小组成员之间合作交流、协调工作		5	
	职业素质		能做到保护环境，爱护公共设施		5	
	安全意识		做好安全防护，检查仪器设备，安全使用材料		5	
	创新意识		通过阅读规范，能更好地完成堆积密度试验		5	
			合计		100	

(2)学生以小组为单位进行互评,并将结果填入表1-11中。

表1-11 学生互评表

班级								
	学习任务	堆积密度试验						
	评价项目	分值	评价对象得分					
	堆积密度试验方法	5						
	仪器设备	10						
	试验步骤	30						
	数据处理	15						
	工作态度	10						
	工作质量	10						
	协调能力	5						
	职业素质	5						
	安全意识	5						
	创新意识	5						
	合计	100						

(3)教师对学生工作过程与结果进行评价,并将结果填入表1-12中。

表1-12 教师综合评价表

班级		姓名		学号		
	学习任务	堆积密度试验				
	评价项目	评价标准			分值	得分
	堆积密度试验方法	能正确检测建筑材料堆积密度			5	
	仪器设备	正确使用仪器设备,熟悉其性能			10	
	试验步骤	试验步骤符合规范要求			30	
	数据处理	正确处理试验数据,评定结果			15	
	工作态度	态度端正,无无故缺勤、迟到、早退现象			10	
	工作质量	能按计划完成任务			10	
	协调能力	与小组成员之间能合作交流、协调工作			5	
	职业素质	能做到保护环境,爱护公共设施			5	
	安全意识	做好安全防护,检查仪器设备,安全使用材料			5	
	创新意识	通过阅读规范,能更好地完成堆积密度试验			5	
	合计				100	
综合评价	自评(20%)		小组互评(30%)	教师评价(50%)		综合得分

任务小结

项目检测与拓展

思考题

1. 在密度试验中，试样的研碎程度对试验结果有什么影响？
2. 在密度试验记录的过程中，试验数据记录精确到小数点后几位？
3. 在表观密度试验中，材料在自然状态下的体积测定方法有哪些？
4. 如何确定材料的密度、表观密度、堆积密度的大小关系？

思考题答案

拓展知识

万里长城所用的建筑材料

万里长城飞越崇山峻岭，是我国古代劳动人民的杰作，也是建筑史上的丰碑。万里长城选用的建筑材料因地制宜，堪称典范。

居庸关、八达岭一段，采用砖石结构。墙身用条石砌筑，中间填充碎石、黄土，顶部再用三四层砖铺砌，以石灰作为砖缝材料，坚固耐用。黄土地区缺乏石料，则用泥土垒筑长城，将泥土夯打结实，并以锥刺夯打土检查是否合格。在西北玉门关一带，既无石料又无黄土，则以当地的芦苇或柳条与砂石间隔铺筑，共铺20层。

万里长城因地制宜使用建筑材料，展现了我国劳动人民的勤劳、智慧和创造力。

项目二　水泥检测

项目导入

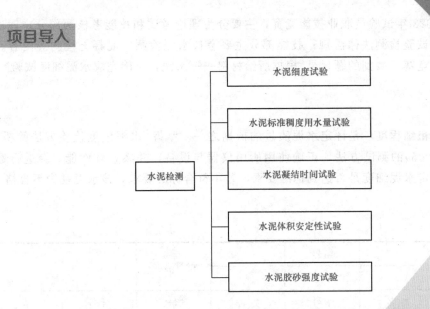

水泥是混凝土的主要原材料之一，水泥的性能直接影响着混凝土的各种性能，水泥检测是获得水泥性能的根本途径。水泥检测的质量水平，不仅直接关系到水泥材料选用的正确性，而且也会对整个工程的建筑结构质量产生影响。

任务一　水泥细度试验

任务引入

某市举办 2023 年试验员职业技能竞赛，主要分为理论考试和技能考核两部分。理论部分主要考核现行试验检测法律法规；技能部分主要考核水泥检测、混凝土检测等内容。小李同学参加本次竞赛，拿到的题目是"根据所给材料——水泥，正确完成水泥细度试验"。

任务目的

测定水泥的粗细程度，是评定水泥质量的依据之一。掌握《水泥细度检验方法筛析法》(GB/T 1345—2005)的测试方法，正确使用所用仪器与设备，并熟悉其性能，会进行数据处理并评定。测定水泥细度是否达到标准要求，若不符合标准要求，该水泥视为不合格。

任务分组

班级		组号		指导教师		
组长		学号				
组员	姓名	学号	姓名	学号	姓名	学号
任务分工						

获取信息

引导问题：为什么需要规定水泥的细度？

_____

_____

_____

_____

_____

相关知识

细度是指水泥的粗细程度。水泥颗粒细度影响水化活性和凝结硬化速度,水泥颗粒太粗,水化活性越低,不利于凝结硬化。

虽然水泥越细,凝结硬化越快,早期强度会越高,但是水化放热速度也快,水泥收缩也越大,对水泥石性能不利。

水泥越细,生产能耗越高,成本增加。

实施步骤

一、试验方法

《水泥细度检验方法筛析法》(GB/T 1345—2005)规定,采用 45 μm 方孔标准筛和 80 μm 方孔标准筛对水泥试样进行筛析试验,用筛网上所得筛余量占试样总质量的百分数来表示水泥样品的细度。

《水泥细度检验方法筛析法》(GB/T 1345—2005)还规定了水泥细度的测定方法有负压筛析法、水筛法和手工筛析法三种。当三种试验方法的测试结果相互冲突时,以负压筛析法为准。

《水泥细度检验方法 筛析法》
(GB/T 1345—2005)

二、试验材料

处理过的水泥在 105~110 ℃的烘箱中烘至恒重,然后在干燥器内冷却至室温。

三、主要仪器设备

(1)试验筛:由圆形筛框和筛底组成。

(2)负压筛析仪:负压筛析仪由筛底、负压筛负压源及收尘器组成,其中筛底由喷气嘴、负压表、控制板、微电机及壳体等部分组成。

(3)天平:量程为 100 g,感量不大于 0.05 g。

(4)烘箱、浅盘和毛刷等。

仪器设备

四、试验步骤

1. 负压筛法

(1)筛析试验前,应把负压筛放在筛座上,盖上筛盖,接通电源,检查控制系统,调节负压至 4 000~6 000 Pa。

(2)称取试样 25 g,置于洁净的负压筛中。盖上筛盖,放在筛座上,开动筛析仪连续筛析 2 min,在此期间如有试样附着筛盖上,可轻轻地敲击,使试样落下。筛毕,用天平称量筛余物。

(3)当工作负压小于 4 000 Pa 时,应清理吸尘器内水泥,使负压恢复正常。

2. 水筛法

(1)筛析试验前,应检查水中无泥、砂,调整好水压及水筛架的位置,使其能正常运转。喷头底面和筛网之间的距离为 35～75 mm。

(2)称取试样 50 g，置于洁净的水筛中，立即用洁净的水冲洗至大部分细粉通过后，放在水筛架上，用水压为(0.05±0.02)mPa 的喷头连续冲洗 3 min。

(3)筛毕，用少量水把筛余物冲至蒸发器中，待水泥颗粒全部沉淀后小心将水倾出，烘干并用天平称量筛余物。

3. 手工干筛法

在没有负压筛析仪和水筛的情况下，允许用手工干筛法。试验步骤如下：

(1)称取试样 50 g，倒入干筛内。

(2)用一只手执筛往复摇动，另一只手轻轻拍打，拍打速度每分钟约 120 次，每 40 次向同一方向转动 60°，使试样均匀分布在筛网上，直至每分钟通过的试样量不超过 0.05 g 为止。

(3)称量筛余物(称量精确至 0.1 g)。

■ 五、试验结果计算

水泥细度按试样筛余百分数计算(精确至 0.1%)。

$$F = \frac{R_s}{W} \times 100\%$$

式中　F——水泥试样的筛余百分数(%)；
　　　R_s——水泥筛余物的质量(g)；
　　　W——水泥试样的质量(g)。

注意

每个样品应称取两个试样分别筛析，取筛余平均值作为筛析结果。若两次筛余结果绝对误差大于 0.5% 时，应再做一次试验，取两次相近结果的平均值作为最终结果。

■ 六、试验记录表

将试验数据记入表 2-1 中。

表 2-1　水泥细度试验数据记录表

试验名称：_____　　　　　　　　　试验日期：____年____月____日
气　　温：_____　　　　　　　　　湿　　度：_____

项目	编号	水泥试样量/g	筛余量/g	筛余百分率/%	平均筛余百分率/%
负压筛法	1				
	2				
结论	水泥细度：_____				

任务评价

(1)学生进行自我评价,并将结果填入表 2-2 中。

表 2-2 学生自评表

班级		姓名		学号	
学习任务		水泥细度试验			
评价项目	评价标准			分值	得分
水泥细度试验方法	能正确区分负压筛析法、水筛法和手工筛析法			5	
仪器设备	正确使用仪器设备,熟悉其性能			10	
试验步骤	试验步骤符合规范要求			30	
数据处理	正确处理试验数据,评定结果			15	
工作态度	态度端正,无无故缺勤、迟到、早退现象			10	
工作质量	能按计划完成任务			10	
协调能力	与小组成员之间能合作交流、协调工作			5	
职业素质	能做到保护环境,爱护公共设施			5	
安全意识	做好安全防护,检查仪器设备,安全使用材料			5	
创新意识	通过阅读规范,能更好地完成密度试验			5	
合计				100	

(2)学生以小组为单位进行互评,并将结果填入表 2-3 中。

表 2-3 学生互评表

班级		小组					
学习任务	水泥细度试验						
评价项目	分值	评价对象得分					
水泥细度试验方法	5						
仪器设备	10						
试验步骤	30						
数据处理	15						
工作态度	10						
工作质量	10						
协调能力	5						
职业素质	5						
安全意识	5						
创新意识	5						
合计	100						

(3)教师对学生工作过程与结果进行评价,并将结果填入表 2-4 中。

表 2-4 教师综合评价表

班级			姓名		学号	
学习任务			水泥细度试验			
评价项目		评价标准			分值	得分
水泥细度试验方法		能正确区分负压筛析法、水筛法和手工筛析法			5	
仪器设备		正确使用仪器设备,熟悉其性能			10	
试验步骤		试验步骤符合规范要求			30	
数据处理		正确处理试验数据,评定结果			15	
工作态度		态度端正,无无故缺勤、迟到、早退现象			10	
工作质量		能按计划完成任务			10	
协调能力		与小组成员之间能合作交流、协调工作			5	
职业素质		能做到保护环境,爱护公共设施			5	
安全意识		做好安全防护,检查仪器设备,安全使用材料			5	
创新意识		通过阅读规范,能更好地完成密度试验			5	
		合计			100	
综合评价	自评(20%)		小组互评(30%)		教师评价(50%)	综合得分

任务小结

任务二 水泥标准稠度用水量试验

任务引入

小李在进行试验员考证时,拿到的题目是"根据所给材料——水泥,正确完成水泥标准稠度用水量试验"。

任务目的

为了消除试验条件的差异而有利于比较,水泥净浆必须有一个标准的稠度。通过试验测定水泥净浆达到水泥标准稠度时的用水量,作为水泥凝结时间、安定性试验用水量之一;掌握《水泥标准稠度用水量、凝结时间、安定性检验方法》(GB/T 1346—2011)的测试方法,正确使用水泥搅拌机和标准稠度测定仪,并熟悉其性能。

《水泥标准稠度用水量、凝结时间、安定性检验方法》(GB/T 1346—2011)

任务分组

班级		组号		指导教师	
组长		学号			
组员	姓名	学号	姓名	学号	姓名	学号
任务分工						

获取信息

引导问题:标准稠度用水量检测结果对凝结时间与安定性有什么影响?

_____
_____
_____
_____

相关知识

水泥标准稠度用水量是指以水泥净浆达到规定稀稠程度时的用水量占水泥用量的百分数表示。水泥浆的稀稠对水泥的凝结时间、体积安定性等技术性质影响很大。

在水泥用量不变的情况下,增加拌和用水量会延长水泥的"凝结时间",即同一水泥用不同稠度的水泥净浆所测得的凝结时间是不相同的,拌和用水量对凝结时间的影响是很大的。因此,检测水泥凝结时间的净浆应为标准稠度净浆,这就使标准稠度用水量的测定准确与否成为准确检测凝结时间的前提。

因为用于检测安定性的水泥净浆应为标准稠度净浆,所以标准稠度用水量的测定一定要准确,一旦有误,那么用于检测安定性的净浆就不是标准稠度净浆。若标准稠度检测结果偏大,拌制的净浆稠度会大于标准稠度,有可能使原本安定性合格的水泥被检测为不合格;相反,标准稠度检测结果偏小时,拌制的净浆稠度小于标准稠度,又可能使安定性不合格的水泥被检测为合格,如用于工程中,将严重影响工程的结构安全。

实施步骤

一、主要仪器设备

1. 水泥净浆搅拌机

水泥净浆搅拌机主要由搅拌锅、搅拌叶片、传动机构和控制系统组成。

2. 维卡仪

测定水泥标准稠度和凝结时间的维卡仪(图 2-1)包括试杆(图 2-2)和试模(图 2-3)。

仪器设备

3. 天平

天平的最大称量不小于 1 000 g,感量 1 g。

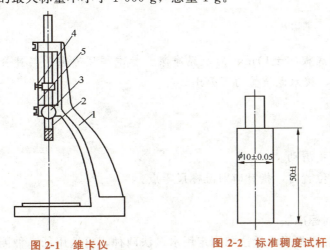

图 2-1 维卡仪　　　　　图 2-2 标准稠度试杆　　图 2-3 试模

1—铁座;2—金属圆棒;3—松紧螺钉;
4—指针;5—标尺

4. 量筒

量筒的精度为 0.1%，最小刻度为 0.1 mL。

5. 其他

其他还包括铲子、小刀、平板玻璃底板等。

■ 二、试验步骤

1. 标准法

(1) 试验前检查。

① 维卡仪的滑动杆能自由滑动。试模和玻璃底板用湿布擦拭，将试模放在底板上。

② 调整至试杆接触玻璃板时，指针对准零点。

③ 水泥净浆搅拌机运行正常。

(2) 水泥净浆的拌制。用水泥净浆搅拌机搅拌，搅拌锅和搅拌叶片先用湿布擦过，将拌合水倒入搅拌锅内，然后在 5~10 s 小心将称好的 500 g 水泥加入水中，防止水和水泥溅出；拌和时，先将搅拌锅放在搅拌机的锅座上，升至搅拌位置，启动搅拌机，低速搅拌 120 s，停 15 s，同时将搅拌叶片和锅壁上的水泥浆刮入锅中间，接着高速搅拌 120 s 停机。

(3) 拌和结束后，立即取适量水泥净浆一次性将其装入已置于玻璃底板上的试模中，浆体超过试模上端，用宽度约为 25 mm 的直边刀轻轻拍打超出试模部分的浆体 5 次，以排除浆体中的孔隙，然后在试模上表面约 1/3 处，略倾斜于试模分别向外轻轻锯掉多余净浆，再从试模边沿轻抹顶部一次，使净浆表面光滑。

在锯掉多余净浆和抹平的操作过程中，注意不要压实净浆；抹平后迅速将试模和底板移到维卡仪上，并将其中心定在试杆下，降低试杆直至与水泥净浆表面接触，拧紧螺钉后 1~2 s，突然放松，使试杆垂直自由地沉入水泥净浆中。

在试杆停止沉入或释放试杆 30 s 时，记录试杆与底板之间的距离，升起试杆后，立即擦净；整个操作应在搅拌后 1.5 min 内完成。

> **注意**
>
> 以试杆沉入净浆并距离底板 (6±1) mm 的水泥净浆为标准稠度净浆。其拌合水量为该水泥的标准稠度用水量 (P)，按水泥质量的百分比计。

2. 代用法

(1) 试验前检查。

① 维卡仪的金属棒能自由滑动。

② 将试锥降至锥模顶面位置时，指针应对准标尺零点。

③ 搅拌机运行正常。

(2) 水泥净浆的拌制。同标准法。

(3) 标准稠度的测定，有调整用水量法和固定用水量法两种，可选用任一种测定，如有争议时以调整水量法为准。

① 调整试锥与锥模顶面接触，指针对准零点。

②称取水泥试样 500 g，采用调整用水量法时，拌合水量按经验选择用水量；采用固定用水量法时拌合水量为 142.5 mL，拌制水泥净浆。

③拌和结束后，立即将拌制好的水泥净浆装入锥模中，用宽度约为 25 mm 的直边刀在浆体表面轻轻插捣 5 次，再轻振 5 次，刮去多余的净浆；抹平后迅速放到试锥下面固定的位置上，将试锥降至净浆表面，拧紧螺钉后 1~2 s，突然放松，使试锥垂直自由地沉入水泥净浆中。到试锥停止下沉或释放试锥 30 s 时，记录试锥下沉深度。整个操作应在搅拌后 1.5 min 内完成。

④用调整水量方法测定时，以试锥下沉深度(30±1)mm 时的净浆为标准稠度净浆。其拌合水量为该水泥的标准稠度用水量(P)，按水泥质量的百分比计。如下沉深度超出范围，需另称试样，调整水量，重新试验，直至达到(30±1)mm 为止。

⑤用固定水量方法测定时，根据测得的试锥下沉深度 S(单位：mm)(或仪器上对应标尺)计算所得标准稠度用水量 P(%)。

注意

用固定水量方法测定时，当试锥下沉深度小于 13 mm 时，应改用调整水量法测定。

三、试验结果计算

1. 标准法

以试杆沉入净浆并距底板(6±1)mm 的水泥净浆为标准稠度净浆。其拌和用水量为该水泥的标准稠度用水量(P)，以水泥质量的百分比计，按下式计算：

$$P = \frac{拌和用水量}{水泥用量} \times 100\%$$

2. 代用法

(1)用固定水量方法测定时，根据测得的试锥下沉深度 S(mm)，可从仪器上对应标尺读出标准稠度用水量(P)或按下面的经验公式计算其标准稠度用水量(P)(%)。

$$P = 33.4 - 0.185S$$

例题

当实际用水量为 140 mL 时，试杆距底板深度是 6 mm，则标准稠度用水量 $P = 140/500 \times 100\% = 28\%$。

(2)用调整水量方法测定时，以试锥下沉深度为(28±2)mm 时的净浆为标准稠度净浆，其拌和用水量为该水泥的标准稠度用水量(P)，以水泥质量百分数计，计算公式同标准法。

如下沉深度超出范围，须另称试样，调整水量，重新试验，直至达到(28±2)mm 为止。

四、试验记录表

将试验数据记入表 2-5 中。

表 2-5　水泥标准稠度用水量试验数据记录表

试验名称：_____　　　　　　　试验日期：____年____月____日

气　　温：_____　　　　　　　湿　　度：_____

编号	水泥试样量/g	拌和用水量/mL	沉入深度/mm	平均沉入深度/mm
1				
2				
结论	标准稠度用水量百分数 $P=33.4-0.185S=$ _____%			

任务评价

(1)学生进行自我评价，并将结果填入表 2-6 中。

表 2-6　学生自评表

班级		姓名		学号	
学习任务	水泥标准稠度用水量试验				
评价项目	评价标准			分值	得分
水泥标准稠度用水量试验方法	能正确区分标准法和代用法			5	
仪器设备	正确使用仪器设备，熟悉其性能			10	
试验步骤	试验步骤符合规范要求			30	
数据处理	正确处理试验数据，评定结果			15	
工作态度	态度端正，无无故缺勤、迟到、早退现象			10	
工作质量	能按计划完成任务			10	
协调能力	与小组成员之间能合作交流、协调工作			5	
职业素质	能做到保护环境，爱护公共设施			5	
安全意识	做好安全防护，检查仪器设备，安全使用材料			5	
创新意识	通过阅读规范，能更好地完成水泥标准稠度用水量试验			5	
合计				100	

（2）学生以小组为单位进行互评，并将结果填入表 2-7 中。

表 2-7　学生互评表

班级			小组					
学习任务		水泥标准稠度用水量试验						
评价项目		分值	评价对象得分					
水泥标准稠度用水量试验方法		5						
仪器设备		10						
试验步骤		30						
数据处理		15						
工作态度		10						
工作质量		10						
协调能力		5						
职业素质		5						
安全意识		5						
创新意识		5						
合计		100						

（3）教师对学生工作过程与结果进行评价，并将结果填入表 2-8 中。

表 2-8　教师综合评价表

班级		姓名		学号	
学习任务		水泥标准稠度用水量试验			
评价项目	评价标准			分值	得分
水泥标准稠度用水量试验方法	能正确区分标准法和代用法			5	
仪器设备	正确使用仪器设备，熟悉其性能			10	
试验步骤	试验步骤符合规范要求			30	
数据处理	正确处理试验数据，评定结果			15	
工作态度	态度端正，无无故缺勤、迟到、早退现象			10	
工作质量	能按计划完成任务			10	
协调能力	与小组成员之间能合作交流、协调工作			5	
职业素质	能做到保护环境，爱护公共设施			5	
安全意识	做好安全防护，检查仪器设备，安全使用材料			5	
创新意识	通过阅读规范，能更好地完成水泥标准稠度用水量试验			5	
合计				100	
综合评价	自评(20%)	小组互评(30%)	教师评价(50%)	综合得分	

任务小结

任务三　水泥凝结时间试验

任务引入

请同学们以小组为单位参阅与本任务相关的规范和相关知识,在教师的指导下完成水泥凝结时间的检测,并得出检测结果。

任务目的

测定水泥达到初凝和终凝所需的时间(凝结时间以试针沉入水泥标准稠度净浆至一定深度所需时间表示),用以评定水泥的质量。掌握《水泥标准稠度用水量、凝结时间、安定性检验方法》(GB/T 1346—2011)中的水泥凝结时间的测试方法,正确使用仪器设备。

任务分组

班级		组号		指导教师		
组长		学号				
组员	姓名	学号	姓名	学号	姓名	学号
任务分工						

获取信息

引导问题:水泥凝结时间在施工中具有什么意义?

_____

_____

_____

_____

_____

_____

相关知识

水泥凝结时间是指试针沉入水泥标准稠度净浆至一定深度所需的时间。凝结时间可分为初凝时间和终凝时间。初凝时间是指从水泥加水到标准净浆开始失去可塑性的时间;终凝时间是指从水泥加水到标准净浆完全失去可塑性的时间。

水泥的凝结时间在工程施工中具有重要的作用。为有足够的时间对混凝土进行搅拌、运输、浇筑和振捣,初凝时间不宜过短;为使混凝土尽快硬化并具有一定强度,以利于下道工序的进行,终凝时间不宜过长。

实施步骤

一、试验方法

《水泥标准稠度用水量、凝结时间、安定性检验方法》(GB/T 1346—2011)规定,水泥初凝时间和终凝时间,以测定试针沉入标准稠度水泥净浆至一定深度所需的时间来表示。

《通用硅酸盐水泥》(GB 175—2007)规定:硅酸盐水泥初凝时间不小于 45 min,终凝时间不大于 390 min;普通硅酸盐水泥、矿渣硅酸盐水泥、火山灰质硅酸盐水泥、粉煤灰硅酸盐水泥和复合硅酸盐水泥的初凝时间不小于 45 min,终凝时间不大于 600 min。

《通用硅酸盐水泥》(GB 175—2007)

二、主要仪器设备

(1)水泥净浆搅拌机。

(2)标准法维卡仪。测定凝结时间的仪器同测定标准稠度用水量仪器,只是取下试杆,用试针代替试杆(图 2-4)。

仪器设备

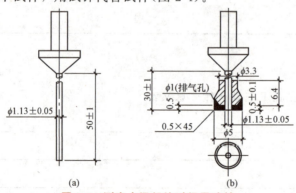

图 2-4 测定水泥凝结时间用试针

(a)初凝用试针;(b)终凝用试针

(3)天平。

(4)量筒。

(5)湿气养护箱。

三、试验步骤

(1)调整凝结时间测定仪的试针,使之接触玻璃板时,指针对准标尺的零点,在净浆试模内侧稍涂一层机油,放在玻璃板上。

(2)以标准稠度用水量,称取 500 g 水泥,按规定方法拌制标准稠度水泥浆,一次装满试模,振动数次刮平,立即放入湿气养护箱。记录水泥全部加入水中的时间作为起始时间。

(3)初凝时间的测定:试件在养护箱养护至加水 30 min 时进行第一次测定。测定时,将试模放到试针下,降低试针与水泥净浆表面刚好接触,拧紧螺钉后 1~2 s,突然放松,试针垂直自由地沉入水泥净浆,记录试针停止下沉或释放试针 30 s 时指针的读数。

在最初测定操作时应轻轻扶持金属柱,使其徐徐下降,以防试针撞弯,但结果以自由下落为准。

(4)终凝时间的测定:在完成初凝时间测定后,立即将试模连同浆体以平移的方式从玻璃板取下,翻转 180°,直径大端向上、小端向下放在玻璃板上,再放入养护箱中继续养护,临近终凝时间每隔 15 min 测定一次。

更换终凝用试针,用同样测定方法,观察指针读数。

(5)临近初凝时,每隔 5 min 测定一次,临近终凝时,每隔 15 min 测定一次,达到初凝或终凝时,应立即重复测一次;整个测试过程中试针沉入的位置距试模内壁大于 10 mm。

注意

(1)每次测定不得使试针落于原针孔,每次测定完毕,须将试模放回养护箱,并将试针擦净。整个测试过程中试模不得受到振动。

(2)假凝(粘凝)和急凝(瞬凝)是两种不正常的凝结现象。

1)假凝:是水泥加水后在很短几分钟内就发生凝固的现象,但不像急凝那样放出一定的热量。出现假凝的水泥浆不再加水而重新搅拌,具可恢复、可塑性,仍可灌注施工,强度下降不大。其原因一般认为是在粉磨水泥时,磨内温度过高导致部分二水石膏脱水成半水石膏所致。另外,熟料的生烧(跑生料)、过烧和慢冷也容易引起水泥的假凝。

2)急凝:是水泥加水调和后,水泥净浆很快地凝结成一种粗糙、非塑性的混合物,同时放出大量的热量而使施工困难,若强行施工则混凝土将会丧失强度。其原因主要是水泥中未掺或少掺石膏。低温煅烧和慢冷熟料所制成的水泥,也可能产生急凝;熟料中 C_3A 含量比较多的水泥,也可能产生急凝。

影响水泥凝结时间的因素是多方面的,凡是影响水泥水化速度的因素,一定都影响水泥的凝结时间,如环境温度和湿度、熟料中游离氧化钙含量、氧化钾及氧化钠含量、熟料矿物组成、混合材掺加量、粉磨细度、水泥用水量、贮存时间、石膏的形态和用量及外加剂等。

四、试验结果与评定

(1)自加水起至试针沉入净浆中距底板 (4 ± 1) mm 时,所需的时间为初凝时间;至试针沉入净浆中不超过 0.5 mm(环形附件开始不能在净浆表面留下痕迹)时所需的时间为终凝时间；用小时(h)和分钟(min)来表示。

(2)到达初凝或终凝状态时应立即重复测一次，当两次结论相同时才能定为到达初凝或终凝状态。到达终凝时，需要在试体另外两个不同点测试，确认结论相同才能确定到达终凝时间。

注意

评定方法：将测定的初凝时间、终凝时间结果，与国家相关规范中的凝结时间相比较，可判断其合格性。

五、试验记录表

将试验数据记入表 2-9 中。

表 2-9 水泥凝结时间试验数据记录表

试验名称：_____　　　　试验日期：____年___月___日
气　　温：_____　　　　湿　度：_____

凝结时间测定							
试验次数	试样质量/g	用水量/g	开始加水时间	初凝		终凝	
				初凝时间	初凝	终凝时间	终凝

任务评价

(1)学生进行自我评价,并将结果填入表 2-10 中。

表 2-10　学生自评表

班级		姓名		学号	
学习任务		水泥凝结时间试验			
评价项目		评价标准		分值	得分
水泥凝结时间试验方法		能掌握水泥凝结时间试验方法		5	
仪器设备		正确使用仪器设备,熟悉其性能		10	
试验步骤		试验步骤符合规范要求		30	
数据处理		正确处理试验数据,评定结果		15	
工作态度		态度端正,无无故缺勤、迟到、早退现象		10	
工作质量		能按计划完成任务		10	
协调能力		与小组成员之间能合作交流、协调工作		5	
职业素质		能做到保护环境,爱护公共设施		5	
安全意识		做好安全防护,检查仪器设备,安全使用材料		5	
创新意识		通过阅读规范,能更好地完成水泥凝结时间试验		5	
合计				100	

(2)学生以小组为单位进行互评,并将结果填入表 2-11 中。

表 2-11　学生互评表

班级			小组				
学习任务		水泥凝结时间试验					
评价项目	分值	评价对象得分					
水泥凝结时间试验方法	5						
仪器设备	10						
试验步骤	30						
数据处理	15						
工作态度	10						
工作质量	10						
协调能力	5						
职业素质	5						
安全意识	5						
创新意识	5						
合计	100						

(3) 教师对学生工作过程与结果进行评价，并将结果填入表 2-12 中。

表 2-12　教师综合评价表

班级		姓名		学号	
学习任务		水泥凝结时间试验			
评价项目		评价标准		分值	得分
水泥凝结时间试验方法		能掌握水泥凝结时间试验方法		5	
仪器设备		正确使用仪器设备，熟悉其性能		10	
试验步骤		试验步骤符合规范要求		30	
数据处理		正确处理试验数据，评定结果		15	
工作态度		态度端正，无无故缺勤、迟到、早退现象		10	
工作质量		能按计划完成任务		10	
协调能力		与小组成员之间能合作交流、协调工作		5	
职业素质		能做到保护环境，爱护公共设施		5	
安全意识		做好安全防护，检查仪器设备，安全使用材料		5	
创新意识		通过阅读规范，能更好地完成水泥凝结时间试验		5	
合计				100	
综合评价	自评(20%)		小组互评(30%)	教师评价(50%)	综合得分

任务小结

任务四　水泥体积安定性试验

▎任务引入

某校实训楼工程的梁、板、柱及预制构件等处浇筑商品混凝土后，水泥体积安定性不良，导致其凝结缓慢、无强度，构件表面出现不规则的裂纹。请大家分组查阅相关资料和规范标准，完成水泥体积安定性试验检测。

▎任务目的

通过试验掌握《水泥标准稠度用水量、凝结时间、安定性检验方法》(GB/T 1346—2011)的测试方法，正确评定水泥的体积安定性。

▎任务分组

班级		组号		指导教师			
组长		学号					
组员	姓名	学号	姓名	学号	姓名	学号	
任务分工							

▎获取信息

引导问题：引起水泥体积安定性不良的主要原因是什么？

_____
_____
_____
_____
_____
_____

相关知识

水泥体积安定性是指水泥在凝结硬化过程中体积变化的均匀性。当水泥浆体在硬化过程中体积发生不均匀变化时,会导致水泥混凝土膨胀、翘曲、产生裂缝等,即所谓安定性不良。安定性不良的水泥会降低建筑物质量,甚至引起严重事故。

水泥体积安定性不良是由于水泥熟料中游离氧化钙、游离氧化镁过多或石膏掺量过多。游离氧化钙和游离氧化镁是在高温烧制水泥熟料时生成,处于过烧状态,水化极慢,它们在水泥硬化后开始或继续进行水化反应,其水化产物体积膨胀致使水泥石开裂。另外,若水泥中所掺石膏过多,在水泥硬化后,过量石膏还会与水化铝酸钙作用,生成钙矾石,体积膨胀,使已硬化的水泥石开裂。

实施步骤

一、试验方法

水泥体积安定性试验方法主要用以检验游离氧化钙所产生的体积安定性不良,可用雷氏法(标准法)和试饼法(代用法)两种方法进行,两者有争议时以雷氏法为准。

雷氏法是通过测定水泥净浆在雷氏夹中沸煮后的膨胀值来判定水泥安定性是否合格;试饼法则是通过观察水泥净浆试饼煮沸后的外形变化来检验水泥的安定性。

二、主要仪器设备

(1)水泥净浆搅拌机。
(2)沸煮箱。
(3)雷氏夹。由铜制材料制成,当一根指针尖距离增加在(17.5±2.5)mm范围内,去掉砝码,针尖应回到初始状态(图2-5)。
(4)雷氏夹膨胀值测定仪(图2-6)。标尺最小刻度为0.5 mm。
(5)标准养护箱。
(6)其他。天平、量水器、玻璃板。

仪器设备

三、试验步骤

1. 测定前的准备工作

若采用试饼法时,一个样品需要准备两块约100 mm×100 mm的玻璃板;若采用雷氏法,每个雷氏夹需配备质量为75~85 g的玻璃板两块。凡与水泥净浆接触的玻璃板和雷氏夹表面都要稍稍涂上一薄层油。

> **注意**
>
> 有些油会影响凝结时间,矿物油比较合适。

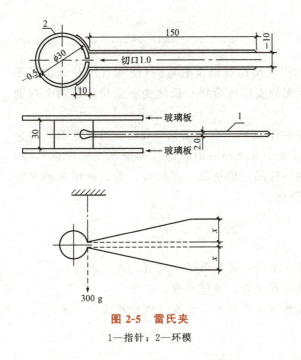

图 2-5 雷氏夹

1—指针；2—环模

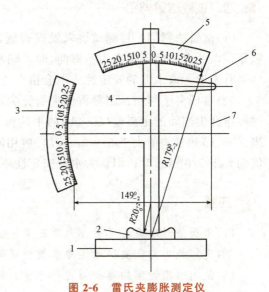

图 2-6 雷氏夹膨胀测定仪

1—底座；2—模子座；3—测弹性标尺；4—立柱；
5—测膨胀值标尺；6—悬臂；7—悬丝

2. 水泥标准稠度净浆的制备

称取 500 g 水泥，以标准稠度用水量加水，按前述方法制成标准稠度水泥净浆。

3. 成型方法

(1) 试饼成型。将配制好的净浆取出一部分分成两等份，使之呈球形，放在预先准备好的玻璃板上，轻轻振动玻璃板，并用湿布擦过的小刀由边缘向中间抹动，做成直径为 70～80 mm、中心厚约为 10 mm、边缘渐薄、表面光滑的试饼，然后将试饼放入湿气养护箱内养护(24±2)h。

(2) 雷氏夹试件的制备。将预先准备好的雷氏夹放在已稍擦油的玻璃板上，并立即将已配制好的标准稠度净浆装满试模，装模时一只手轻轻扶持试模，另一只手用宽度约为 10 mm 的小刀插捣 15 次左右，然后抹平，盖上稍涂油的玻璃板，接着立即将试模移至湿气养护箱内养护(24±2)h。

4. 沸煮

(1) 调整沸煮箱内的水位，使试件能在整个沸煮过程中浸没在水里，并在煮沸的中途不需添补试验用水，同时又保证能在(30±5)min 内升至沸腾。

(2) 脱去玻璃板取下试件，先测量雷氏夹指针尖端间的距离(A)，精确到 0.5 mm，接着将试件放入沸煮箱水中的试件架上，指针朝上，试件之间互不交叉，然后在(30±5)min 内加热至沸，并恒沸 3 h±5 min。

提示

沸煮结束，即放掉箱中的热水，打开箱盖，待箱体冷却至室温，取出试件进行观察与测定。

四、试验结果判别

(1)试饼法判别。目测试饼未发现裂缝,用直尺检查也没有弯曲(使钢直尺和试饼底部紧靠,以两者之间不透光为不弯曲)时,则水泥的安定性合格;反之为不合格。若两个判别结果有矛盾,该水泥的安定性为不合格。

(2)雷氏夹法判别。测量雷氏夹指针尖端的距离 C,准确至 0.5 mm,当沸煮前后两个试件指针尖端间的距离差 $(C-A)$ 的平均值不大于 5.0 mm 时,即认为该水泥安定性合格;当 $(C-A)$ 的平均值大于 5.0 mm 时,应用同一样品立即重做一次试验,若试验结果的平均值仍大于 5.0 mm 时,则认为水泥安定性不合格。

注意

(1)雷氏法时净浆应尽量充满雷氏夹,减少空间,避免两试件差值过大。
(2)定期检查雷氏夹、水泥净浆搅拌机等仪器设备,确保准确、安全。
(3)使用恒温恒湿的养护箱进行养护,以排除因养护不符合要求而造成的结果误判。
(4)掌握好脱模时间。

五、试验记录表

将试验数据记入表 2-13 中。

表 2-13　水泥体积安定性试验数据记录表

试饼法				
试饼尺寸	养护	沸煮时间	情况	安定性
雷氏法					
养护	针尖距离 A	沸煮时间	针尖距离 C	$C-A$	安定性

任务评价

(1)学生进行自我评价，并将结果填入表 2-14 中。

表 2-14　学生自评表

班级		姓名		学号	
学习任务		水泥体积安定性试验			
评价项目	评价标准			分值	得分
水泥体积安定性试验方法	能正确区分雷氏法和试饼法			5	
仪器设备	正确使用仪器设备，熟悉其性能			10	
试验步骤	试验步骤符合规范要求			30	
数据处理	正确处理试验数据，评定结果			15	
工作态度	态度端正，无无故缺勤、迟到、早退现象			10	
工作质量	能按计划完成任务			10	
协调能力	与小组成员之间能合作交流、协调工作			5	
职业素质	能做到保护环境，爱护公共设施			5	
安全意识	做好安全防护，检查仪器设备，安全使用材料			5	
创新意识	通过阅读规范，能更好地完成水泥体积安定性试验			5	
合计				100	

(2)学生以小组为单位进行互评，并将结果填入表 2-15 中。

表 2-15　学生互评表

班级		小组					
学习任务		水泥体积安定性试验					
评价项目	分值	评价对象得分					
水泥体积安定性试验方法	5						
仪器设备	10						
试验步骤	30						
数据处理	15						
工作态度	10						
工作质量	10						
协调能力	5						
职业素质	5						
安全意识	5						
创新意识	5						
合计	100						

(3)教师对学生工作过程与结果进行评价，并将结果填入表 2-16 中。

表 2-16　教师综合评价表

班级		姓名		学号	
学习任务		水泥体积安定性试验			
评价项目		评价标准		分值	得分
水泥体积安定性试验方法		能正确区分雷氏法和试饼法		5	
仪器设备		正确使用仪器设备，熟悉其性能		10	
试验步骤		试验步骤符合规范要求		30	
数据处理		正确处理试验数据，评定结果		15	
工作态度		态度端正，无无故缺勤、迟到、早退现象		10	
工作质量		能按计划完成任务		10	
协调能力		与小组成员之间能合作交流、协调工作		5	
职业素质		能做到保护环境，爱护公共设施		5	
安全意识		做好安全防护，检查仪器设备，安全使用材料		5	
创新意识		通过阅读规范，能更好地完成水泥体积安定性试验		5	
		合计		100	
综合评价	自评(20%)		小组互评(30%)	教师评价(50%)	综合得分

任务小结

任务五　水泥胶砂强度试验

■ 任务引入

某学校需重修校园道路，购买砂、石、水泥等原材料，现浇筑的路面强度存在质量问题，经分析是水泥强度不足，请同学们对水泥进行胶砂强度检测，并判别是否合格。

■ 任务目的

检验水泥各龄期强度，以确定强度等级；或已知强度等级，检验强度是否满足规范要求。掌握国家标准《水泥胶砂强度检验方法（ISO 法）》(GB/T 17671—2021)，正确使用仪器设备并熟悉其性能。

《水泥胶砂强度检验方法（ISO 法）》(GB/T 17671—2021)

■ 任务分组

班级		组号		指导教师			
组长		学号					
组员	姓名	学号	姓名	学号	姓名	学号
任务分工							

■ 获取信息

引导问题：水泥胶砂强度的工程意义是什么？

_____
_____
_____
_____
_____
_____

相关知识

水泥作为混凝土的主要胶结材料,是混凝土强度的根本来源。水泥胶砂强度是指水泥试体单位面积所能承受的外力,是评价水泥质量的重要指标,是划分水泥强度等级的依据,也是设计水泥混凝土和砂浆配合比的重要依据。因此,水泥胶砂强度检验结果的准确与否将直接关系到水泥质量的评定及其在建设工程中的合理应用。

实施步骤

一、主要仪器设备

1. 水泥胶砂搅拌机

行星式搅拌机应符合《行星式水泥胶砂搅拌机》(JC/T 681—2022)的要求(图 2-7)。

仪器设备

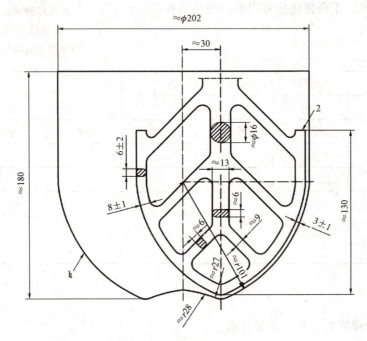

图 2-7 行星式搅拌机的典型锅和叶片

1—搅拌锅;2—搅拌叶片(单位:mm)

2. 水泥胶砂振实台

水泥胶砂振实台应符合《水泥胶砂试体成型振实台》(JC/T 682—2022)的要求。振实台应安装在高度约为 400 mm 的混凝土基座上。混凝土基座体积应大于 0.25 m³,质量应大于 600 kg。将振实台用地脚螺栓固定在基座上,安装后台盘呈水平状态,振实台底座与基座之间要铺一层胶砂以保证它们的完全接触(图 2-8)。

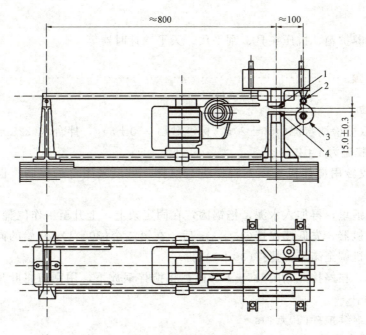

图 2-8 典型的振实台
1—凸头；2—随动轮；3—凸轮；4—止动器

3. 抗压强度试验机

抗压强度试验机应符合《水泥胶砂强度自动压力试验机》(JC/T 960—2022)的要求。

4. 抗折强度试验机

抗折强度试验机应符合《水泥胶砂电动抗折试验机》(JC/T 724—2005)的要求。试体在夹具中受力状态如图 2-9 所示。

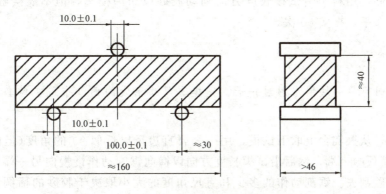

图 2-9 抗折强度测定加荷示意(单位：mm)

5. 试模

试模应符合《水泥胶砂试模》(JC/T 726—2005)的要求。

成型操作时，应在试模上面加有一个壁高为 20 mm 的金属模套，当从上往下看时，模套壁与试模内壁应该重叠，超出内壁不应大于 1 mm。

6. 其他

其他还包括养护箱、抗压夹具、刮平尺、天平、计时器等。

二、试验步骤

1. 试件成型

（1）配料。取被检测水泥(450±2)g，标准砂(1 350±5)g，拌合水(225±1)g，配制1∶3水泥胶砂，水胶比为1∶2。

（2）搅拌。胶砂用搅拌机按以下程序进行搅拌，可以采用自动控制，也可以采用手动控制。

①把水加入锅里，再加入水泥，把锅固定在固定架上，上升至工作位置。

②立即开动机器，先低速搅拌(30±1)s后，在第二个(30±1)s开始的同时均匀地将砂子加入。把搅拌机调至高速再搅拌(30±1)s。

③停拌90 s，在停拌开始的(15±1)s内，将搅拌锅放下，用刮刀将叶片、锅壁和锅底上的胶砂刮入锅中。

④在高速下继续搅拌(60±1)s。

（3）试件尺寸和形状。试体为40 mm×40 mm×160 mm的棱柱体。

（4）成型。

①用振实台成型。胶砂制备后立即进行成型。将空试模和模套固定在振实台上，用料勺将锅壁上的胶砂清理到锅内并翻转搅拌胶砂使其更加均匀，成型时将胶砂分两层装入试模。

装第一层时，每个槽里约放300 g胶砂，先用料勺沿试模长度方向划动胶砂。以布满模槽，再用大布料器垂直架在模套顶部沿每个模槽来回一次将料层布平，接着振实60次。再装入第二层胶砂，用料勺沿试模长度方向划动胶砂以布满模槽，但不能接触已振实胶砂，再用小布料器布平，振实60次。

注意

每次振实时可将一块用水湿过拧干、比模套尺寸稍大的棉纱布盖在模套上，以防止振实时胶砂飞溅。

移走模套，从振实台上取下试模，用一金属直边尺以近似90°的角度(但向刮平方向稍斜)架在试模模顶的一端，然后沿试模长度方向以横向锯割动作慢慢向另一端移动，将超过试模部分的胶砂刮去。锯割动作的多少和直尺角度的大小取决于胶砂的稀稠程度，较稠的胶砂需要多次锯割、锯割动作要慢，以防止拉动已振实的胶砂。用拧干的湿毛巾将试模端板顶部的胶砂擦拭干净，再用同一直边尺以近乎水平的角度将试体表面抹平。

注意

抹平的次数要尽量少，总次数不应超过3次。最后将试模周边的胶砂擦除干净。

用毛笔或其他方法对试体进行编号。两个龄期以上的试体，在编号时应将同一试模中的3条试体分在两个以上龄期内。

> **提示**
>
> 龄期是指混凝土养护经历的时间。

②用振动台成型。在搅拌胶砂的同时将试模和下料漏斗卡紧在振动台的中心。将搅拌好的全部胶砂均匀地装入下料漏斗中，开动振动台，胶砂通过漏斗流入试模。振动(120±5)s停止振动。振动完毕，取下试模，用刮平尺以用振实台成型规定的方法刮平手法刮去其高出试模的胶砂并抹平、编号。

2. 试件养护

(1)脱模前的处理和养护。在试模上盖一块玻璃板，也可用相似尺寸的钢板或不渗水的、与水泥没有反应的材料制成的板。

> **注意**
>
> 盖板不应与水泥胶砂接触，盖板与试模之间的距离应控制在2~3 mm。为了安全，玻璃板应有磨边。

立即将做好标记的试模放入养护室或湿箱的水平架子上养护，湿空气应能与试模各边接触。养护时不应将试模放在其他试模上。一直养护到规定的脱模时间时取出脱模。

(2)脱模。脱模应非常小心。脱模时可以用橡皮锤或脱模器。

对于24 h龄期的试体，应在破型试验前20 min内脱模。对于24 h以上龄期的，应在成型后20~24 h脱模。

如经24 h养护，会因脱模对强度造成损害时，可以延迟至24 h以后脱模，但在试验报告中应予说明。

已确定作为24 h龄期试验(或其他不下水直接做试验)的已脱模试体，应用湿布覆盖至做试验时为止。

对于胶砂搅拌或振实台的对比，建议称量每个模型中试体的总量。

(3)水中养护。将做好标记的试体立即水平或竖直放在(20±1)℃水中养护，水平放置时刮平面应朝上。

试体放在不易腐烂的篦子上，并彼此间保持一定间距，使水与试体的六个面接触。养护期间试体之间间隔或试体上表面的水深不应小于5 mm。

> **注意**
>
> 不宜用未经防腐处理的木篦子。每个养护池只养护同类型的水泥试体。

最初用自来水装满养护池(或容器)，随后随时加水保持适当的水位。在养护期间，可以更换不超过50%的水。

3. 强度试验

强度检验试体的龄期是从水泥加水搅拌开始试验时计算。不同龄期强度试验在下列时间里进行：24 h±15 min、48 h±30 min、72 h±45 min、7 d±2 h、28 d±8 h。

(1)抗折强度试验。将试体一个侧面放在试验机支撑圆柱上，试体长轴垂直于支撑圆柱，通过加荷圆柱以(50±10)N/s的速率均匀地将荷载垂直地加在棱柱体相对侧面上，直至折断。保持两个半截棱柱体处于潮湿状态直至抗压试验。抗折强度按下式进行计算：

$$R_f = \frac{1.5F_f L}{b^3}$$

式中　R_f——抗折强度(MPa)；
　　　F_f——折断时施加于棱柱体中部的荷载(N)；
　　　L——支撑圆柱之间的距离(mm)；
　　　b——棱柱体正方形截面的边长(mm)。

(2)抗压强度试验。抗压强度试验完成后，取出两个半截试体，进行抗压强度试验。抗压强度试验通过规定的仪器，在半截棱柱体的侧面上进行。半截棱柱体中心与压力机压板受压中心差应在±0.5 mm内，棱柱体露在压板外的部分约有10 mm。

提示

在整个加荷过程中以(2 400±200)N/s的速率均匀地加荷直至破坏。

抗压强度按下式计算：

$$R_c = \frac{F_c}{A}$$

式中　R_c——抗压强度(MPa)；
　　　F_c——破坏时的最大荷载(N)；
　　　A——受压面积(mm²)。

三、试验结果评定

1. 抗折试验结果

以一组三个棱柱体抗折结果的平均值作为试验结果。当三个强度值中有一个超出平均值的±10%时，应剔除后再取平均值作为抗折强度试验结果；当三个强度值中有两个超出平均值±10%时，则以剩余一个作为抗折强度结果。单个抗折强度结果精确至0.1 MPa，算术平均值精确至0.1 MPa。

提示

所有单个抗折强度结果及按规定剔除的抗折强度结果、计算的平均值。

2. 抗压试验结果

以一组三个棱柱体上得到的六个抗压强度测定值的平均值为试验结果。当六个测定值中有一个超出六个平均值的±10%时，剔除这个结果，再以剩下五个的平均值为结果。当五个测定值中再有超过它们平均值的±10%时，则此组结果作废。当六个测定值中同时有两个或两个以上超出平均值的±10%时，则此组结果作废。所有单个抗压强度结果及按规定剔除的抗压强度结果、计算的平均值。单个抗压强度结果精确至 0.1 MPa，算术平均值精确至 0.1 MPa。

四、试验记录表

将试验数据记入表 2-17 中。

表 2-17 水泥胶砂强度试验数据记录表

试验名称：_____   试验日期：____年__月__日
气　　温：_____   湿　　度：_____

试饼编号	受压面积	破坏荷载/N	抗压强度/MPa	
			单值	平均
抗压强度				

试饼编号	受压面积/mm²	破坏荷载/N	抗压强度/MPa	
			单值	平均
抗折强度				

任务评价

(1)学生进行自我评价,并将结果填入表 2-18 中。

表 2-18　学生自评表

班级		姓名		学号	
学习任务		水泥胶砂强度试验			
评价项目	评价标准			分值	得分
水泥胶砂强度试验方法	掌握水泥胶砂强度试验方法			5	
仪器设备	正确使用仪器设备,熟悉其性能			10	
试验步骤	试验步骤符合规范要求			30	
数据处理	正确处理试验数据,评定结果			15	
工作态度	态度端正,无无故缺勤、迟到、早退现象			10	
工作质量	能按计划完成任务			10	
协调能力	与小组成员之间能合作交流、协调工作			5	
职业素质	能做到保护环境,爱护公共设施			5	
安全意识	做好安全防护,检查仪器设备,安全使用材料			5	
创新意识	通过阅读规范,能更好地完成水泥胶砂强度试验			5	
合计				100	

(2)学生以小组为单位进行互评,并将结果填入表 2-19 中。

表 2-19　学生互评表

班级			小组				
学习任务		水泥胶砂强度试验					
评价项目	分值	评价对象得分					
水泥胶砂强度试验方法	5						
仪器设备	10						
试验步骤	30						
数据处理	15						
工作态度	10						
工作质量	10						
协调能力	5						
职业素质	5						
安全意识	5						
创新意识	5						
合计	100						

（3）教师对学生工作过程与结果进行评价，并将结果填入表 2-20 中。

表 2-20　教师综合评价表

班级			姓名		学号	
	学习任务		水泥胶砂强度试验			
	评价项目		评价标准		分值	得分
	水泥胶砂强度试验方法		掌握水泥胶砂强度试验方法		5	
	仪器设备		正确使用仪器设备，熟悉其性能		10	
	试验步骤		试验步骤符合规范要求		30	
	数据处理		正确处理试验数据，评定结果		15	
	工作态度		态度端正，无无故缺勤、迟到、早退现象		10	
	工作质量		能按计划完成任务		10	
	协调能力		与小组成员之间能合作交流、协调工作		5	
	职业素质		能做到保护环境，爱护公共设施		5	
	安全意识		做好安全防护，检查仪器设备，安全使用材料		5	
	创新意识		通过阅读规范，能更好地完成水泥胶砂强度试验		5	
			合计		100	
综合评价	自评（20%）		小组互评（30%）	教师评价（50%）	综合得分	

任务小结

项目检测与拓展

思考题

1. 通用硅酸盐水泥的技术要求主要包括哪些？
2. 称取 25 g 某普通水泥做细度试验，称的筛余量为 2.0 g。该水泥的细度是否达到标准要求？

思考题答案

3. 国家标准对普通硅酸盐水泥的细度、凝结时间、体积安定性是如何规定的？
4. 水泥体积安定性不良的原因有哪些？请简述水泥体积安定性不良。
5. 在生产水泥时，掺入适量石膏有什么作用？
6. 国家标准规定，硅酸盐水泥的强度等级是以什么来评定的？
7. 水泥在储存和保管时应注意哪些问题？
8. 通用水泥的哪些技术性质若不符合标准规定，即可判定该水泥为不合格品？

拓展知识

中国水泥史的"第一"

第一家水泥厂——青洲英坭厂：1886 年建立，采用立窑技术。

第一家民族水泥企业——唐山细绵土厂：1889 年创办，因销路不好被迫停工关闭，1907 年重新开办，中国水泥史开启百余年征途。

第一家湿法水泥厂——中国水泥厂：1921 年建立，是当时中国最大的水泥生产企业之一。

第一家采用国产设备建设的立窑生产线水泥厂——昆明水泥厂：1939 年建立，是第一家采用国产设备建设立窑生产线的水泥厂，是中国国产普通立窑和土立窑的发祥地，也是中国水泥生产技术发展的第一个里程碑。

第一家采用国产设备建设的湿法生产线——湖南湘乡水泥厂：1958 年建立，中国第一家采用国产设备建设的湿法生产线，这是中国水泥生产技术的第二个里程碑。

第一家采用国产设备建设的日产 2 000 t 熟料预分解窑新型干法生产线的企业——江西水泥厂：1984 年建成，采用国产设备的日产 2 000 t 熟料预分解窑新型干法生产线，这是中国水泥生产技术发展的第三个里程碑。

第一家水泥主业上市的水泥企业——华新水泥：1907 年建立，被誉为"中国水泥工业的摇篮"，为中国水泥工业创造了众多辉煌。

第一家进入世界水泥排名的水泥企业——海螺水泥："世界水泥看中国，中国水泥看海螺。"海螺水泥为中国水泥工业积累了许多经验，改善了中国水泥工业在世界上的面貌。2017 年，中国海螺集团名列全球第二位，这是我国水泥生产企业首次荣登该榜。

中国水泥工业经过一百多年的发展，从无到有，从有到强，从落后到如今冠领全球，走过了一段波澜壮阔的历程，是中国水泥人百余年奋斗史，是中国水泥人孜孜以求、勇于开拓的学习、创新精神！

项目三　混凝土性能检测

项目导入

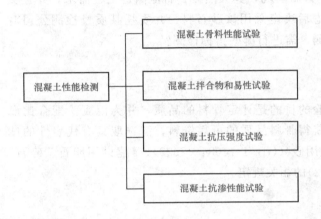

混凝土是目前世界上用途最广、用量最大的建筑材料。它在建筑工程、公路工程、桥梁工程和隧道工程、水利及特种结构的建设领域中发挥着不可替代的作用。

混凝土是指胶结材料（如水泥）、水、细骨料、粗骨料，以及必要时掺入化学外加剂与矿物掺和料，按一定比例配合，然后搅拌、成型的一种人造材料。

混凝土在工程中有着不可替代的作用，具有很多优点：易于就地取材；耐久性好；抗震性能好；可塑性好；耐火性好。当然，混凝土也存在不少缺点：自重大，构件的运输和安装比较困难；抗拉强度低，抗裂性能差；硬化前需要有较长时间的养护期。

任务一　混凝土骨料性能试验

任务引入

某一工程需要一批级配良好的中砂和一批连续级配的石子。在距离工程 6 km 处有一砂石料场,其天然砂、石能满足工程需求,并且交通方便,经综合考虑后决定采用该砂石料,并委托某质量检测公司对砂石料进行相关检测,需进行哪些指标检测?

《建设用砂》
(GB/T 14684—2022)

任务目的

混凝土骨料试验的目的是评定骨料的品质,并为混凝土配合比设计提供资料。为了获得骨料品质的可靠资料,需选取具有代表性的试样,并应遵守《建设用砂》(GB/T 14684—2022)、《建设用卵石、碎石》(GB/T 14685—2022)的相关规定。

《建设用卵石、碎石》
(GB/T 14685—2022)

任务分组

班级		组号		指导教师	
组长		学号			
组员	姓名	学号	姓名	学号	姓名	学号
任务分工						

获取信息

引导问题:什么是粗、细骨料?什么是粗细程度?什么是颗粒级配?

_____
_____
_____
_____

相关知识

骨料(又称集料),混凝土中起骨架和填充作用的粒状材料,有细骨料和粗骨料两种。

粒径在4.75 mm以下的骨料称为细骨料,俗称砂。砂按产源可分为天然砂、人工砂两类。天然砂是由自然风化、水流搬运和分选、堆积形成的,粒径小于4.75 mm的岩石颗粒,但不包括软质岩、风化岩石的颗粒。天然砂包括河砂、湖砂、山砂和淡化海砂。人工砂是经除土处理的机制砂、混合砂的统称。

粒径大于4.75 mm的骨料称为粗骨料,俗称石。常用的有碎石及卵石两种。碎石是天然岩石或岩石经机械破碎、筛分制成的,粒径大于4.75 mm的岩石颗粒;卵石是由自然风化、水流搬运和分选、堆积而成的,粒径大于4.75 mm的岩石颗粒。

砂的粗细程度是指不同粒径的砂粒混合在一起后的平均粗细程度。砂的粗细程度与其总表面有直接的关系,对于相同重量的砂,细砂的总表面积较大,粗砂的总表面积较小。当混凝土拌合物和易性要求一定时,细砂较粗砂的水泥用量为省。但若砂子过粗,易使混凝土拌合物产生离析、泌水等现象。因此,混凝土用砂不宜过细,也不宜过粗。

砂的颗粒级配是指粒径大小不同的砂粒的搭配情况。粒径相同的砂粒堆积在一起,会产生很大的空隙率;当用两种粒径的砂搭配,空隙率就减少了;而用3种粒径的砂搭配,空隙率就更小了。由此可见,要想减小砂粒之间的空隙,就必须将大小不同的颗粒搭配起来使用。

粗骨料的颗粒级配分为连续级配和间断级配两种。连续级配是石子由小到大各粒级相连的级配;间断级配是指用小颗粒的粒级石子直接与大颗粒的粒级石子相配,中间缺了一段粒级的级配。土木工程中多采用连续级配,间断级配虽然可获得比连续级配更小的空隙率,但混凝土拌合物易产生离析现象,不便于施工,较少使用。单粒级不宜单独配制混凝土,主要用于组合连续级配或间断级配。

实施步骤

一、砂的表观密度试验

(一)试验方法
根据《建设用砂》(GB/T 14684—2022)规定的试验方法。

(二)主要仪器设备

1. 烘箱

烘箱温度控制在(105±5)℃。

仪器设备

2. 容量瓶

容量瓶量程为500 mL。

3. 天平

天平的量程为1 000 g,分度值不大于0.1 g。

4. 其他

其他还包括浅盘、滴管、温度计和毛刷等。

(三)试验步骤

(1)按规定取样,并将试样缩分至约 660 g,放入烘箱中于(105±5)℃下烘干至恒量,冷却至室温后,分为大致相等的两份备用。

> **提示**
>
> 样品的缩分如下。
>
> ①用分料器:将样品在潮湿状态下拌和均匀,然后通过分料器,取接料斗中的其中一份再次通过分料器,重复上述过程,直至把样品缩分到试验所需量为止。
>
> ②人工四分法:将所取样品砂(石)置于平板上,拌和均匀,堆成厚度约为 20 mm 的圆饼(砂)或锥体(石),然后沿互相垂直的两条直径分成大致相等的四份,取其中对角线的两份重新搅拌均匀,重复进行,直至把样品缩分到试验所需量为止。

(2)称取烘干砂 300 g(精确至 1 g),装入容量瓶中,注入冷开水至接近 500 mL 的刻度处,旋转摇动容量瓶,排除气泡,塞紧瓶盖,静置 24 h。然后用滴管小心加水至容量瓶 500 mL 刻度处,塞紧瓶塞,擦干瓶外水分,称其质量(m_1)(精确至 1 g)。

(3)倒出瓶内水和砂,洗净容量瓶,再向瓶内注水至 500 mL 的刻度处,擦干瓶外水分,称其质量(m_2)(精确至 1 g)。

(4)在砂的表观密度试验过程中应测量并控制水的温度在 15~25 ℃,试验的各项称量可在 15~25 ℃的温度范围内进行。

> **提示**
>
> 从试样加水静置的最后 2 h 起直至试验结束,其温度相差不应超过 2 ℃。

(四)试验结果计算

砂的表观密度按下式计算(精确至 10 kg/m³):

$$\rho_0 = \left(\frac{m_0}{m_0 + m_2 - m_1} - a_t\right) \times 1\,000$$

式中 m_0——烘干试样质量(g);

m_1——试样、水及容量瓶的总质量(g);

m_2——水及容量瓶的总质量(g);

a_t——水温的修正系数(g),见表 3-1。

表 3-1 水温的修正系数

水温/℃	15	16	17	18	19	20	21	22	23	24	25
a_t	0.002	0.003	0.003	0.004	0.004	0.005	0.005	0.006	0.006	0.007	0.008

> **注意**
>
> 表观密度取两次试验结果的算术平均值,精确至 10 kg/m³;如两次试验结果之差大于 20 kg/m³,须重新试验。

(五)试验记录表

将试验数据记入表 3-2 中。

表 3-2　砂的表观密度试验数据记录表

试验名称：_____　　　　　　　　　　　　试验日期：____年__月__日
气　　温：_____　　　　　　　　　　　　湿　　度：_____

名称	次数	料重 /g	水+瓶重 /g	料+水+瓶重/g	料体积 /cm³	水温 /℃	表观密度 /(kg·m⁻³)	平均值 /(kg·m⁻³)	使用仪器
表观密度	1								
	2								

二、砂的堆积密度试验

(一)试验方法

根据《建设用砂》(GB/T 14684—2022)规定的试验方法，测定装满容量筒的砂的质量和体积，计算其堆积密度。

(二)主要仪器设备

(1)烘箱。
(2)容量瓶。
(3)天平。
(4)浅盘、标准漏斗、直尺和毛刷等。

(三)试验步骤

(1)试样按规定取样，用托盘装入试样约 3 L，放在烘箱中于(105±5)℃下烘干至恒量，待冷却至室温后，筛去大于 4.75 mm 的颗粒，分成大致相等的两份备用。

(2)松散堆积密度的测定：取一份试样，用漏斗或料勺，从容量筒中心上方 50 mm 处慢慢装入，待装满并超过筒口后，用直尺沿筒口中心线向两个相反方向刮平(试验过程应防止触动容量瓶)，称出试样与容量筒的总质量，精确至 1 g。

(3)紧密堆积密度的测定：将容量桶置于坚实的平地上，取试样一份，用取样铲将试样分两次自距容量桶上口 50 mm 高度处装入桶中，每装完一层，在桶底放一根垫棒，将桶按住，左右交替颠击地面 25 次。将二层试样装填完毕后，再加试样直至超过桶口，用直尺沿筒口中心线向两个相反方向刮平，称出试样和容量筒的总质量，精确至 1 g。

(4)称出容量筒的质量，精确至 1 g。

(四)试验结果计算

砂的松散或紧密堆积密度按下式计算(精确至 10 kg/m³)：

$$P_1 = \frac{(m_1 - m_2)}{V}$$

式中　P_1——石子的松散或紧密堆积密度(kg/m³)；

m_1——试样与容量筒总质量(g);
m_2——容量筒的质量(g);
V——容量筒的容积(g)。

> **注意**
>
> 堆积密度取两次试验结果的算术平均值,精确至 10 kg/m³。

(五)试验记录表

将试验数据记入表 3-3 中。

表 3-3 砂的堆积密度试验数据记录表

试验名称:_____　　　　　　　　试验日期:_____年___月___日
气　　温:_____　　　　　　　　湿　　度:_____

名称	次数	桶容积/L	桶+料重/g	桶重/g	料重/g	密度/(kg·m⁻³)	平均值/(kg·m⁻³)	空隙率/%	使用仪器
松散堆积密度	1								
	2								
紧密堆积密度	1								
	2								

三、砂的颗粒级配及细度模数试验

(一)试验方法

通过一套由不同孔径的筛组成的一套标准筛对砂样进行过筛,测定砂样中不同粒径的颗粒含量。

根据《建设用砂》(GB/T 14684—2022)的规定,砂的级配应符合三个级配区(粗砂区、中砂区和细砂区)的要求,并根据细度模数规定了三种规格砂的范围,即粗砂模数为 3.7~3.1,中砂模数为 3.0~2.3,细砂模数为 2.2~1.6。

(二)主要仪器设备

1. 方孔筛

孔边长为 0.15 mm、0.30 mm、0.60 mm、1.18 mm、2.36 mm、4.75 mm 及 9.50 mm 的方孔筛各一只,并附有筛底和筛盖。

2. 天平

天平的称量 1 000 g,感量 1 g。

仪器设备

3. 其他

其他还包括摇筛机、鼓风烘箱、浅盘、毛刷等。

(三)试验步骤

(1)试样制备。先将试样筛除掉大于 9.50 mm 的颗粒并记录其含量百分率。如试样中的尘屑、淤泥和黏土的含量超过 5%，应先用水洗净，然后于自然润湿状态下充分搅拌均匀，用四分法缩取每份不少于 550 g 的试样两份，将两份试样分别置于温度为(105±5)℃的烘箱中烘干至恒重。冷却至室温后待用。

(2)称取试样 500 g，精确至 1 g。将套筛按孔眼尺寸为 9.50 mm、4.75 mm、2.36 mm、1.18 mm、0.60 mm、0.30 mm、0.15 mm 的筛子按孔径大小顺序叠置。孔径最大的放在上层，加底盘后将试样倒入最上层筛内。加盖后将套筛置于摇筛机上。

> **注意**
>
> 如无摇筛机，可采用手筛。

(3)设置摇筛机上的定时器旋钮于 10 min；开启摇筛机进行筛分。完成后取下套筛，按筛孔大小顺序再逐个用手筛，筛至每分钟通过量小至试样总量的 0.1% 为止。通过的试样放入下一号筛中，并与下一号筛中的试样一起过筛，按顺序进行，直至各号筛全部筛完为止。

(4)称出各号筛的筛余量，精确至 1 g。分计筛余量和底盘中剩余试样的质量总和与筛分前的试样总量相比，其差值不得超过 1%。

(5)将各号筛上的筛余量记录在试验记录表中。

(四)试验结果计算与处理

(1)计算分计筛余百分率：各号筛的筛余量与试样总量之比，计算精确至 0.1%。

(2)计算累计筛余百分率：该号筛的筛余百分率加上该号筛以上各筛余百分率之和，精确至 0.1%。筛分后，如每号筛的筛余量与筛底的剩余量之和同原试样质量之差超过 1%，须重新试验。

(3)砂的细度模数按下式计算(精确至 0.01)：

$$M_x = \frac{(A_2 + A_3 + A_4 + A_5 + A_6) - 5A_1}{100 - A_1}$$

式中　M_x——细度模数；

　　　A_1、A_2、…、A_6——4.75 mm、2.36 mm、1.18 mm、0.60 mm、0.30 mm、0.15 mm 筛的累计筛余百分率。

(4)累计筛余百分率取两次试验结果的算术平均值，精确至 1%，记录在相应试验数据表格中。细度模数取两次试验结果的算术平均值，精确至 0.1；如两次试验的细度模数之差超过 0.2，须重新试验。

(5)将计算结果记录在试验数据表中，根据细度模数大小判断试样粗细程度，在试验报告图中选择相应(粗砂、中砂、细砂)级配范围，将各筛的累计筛余百分率(点)绘制在该图内，并评定该砂样的颗粒级配分布情况的好坏，用文字叙述在试验报告中。

(五)试验记录表

将试验数据记入表 3-4 中。

表 3-4 砂的细度模数试验数据记录表

试验名称：_____   试验日期：_____年____月____日
气 温：_____   湿 度：_____

筛孔尺寸 /mm	第一次筛分			第二次筛分		
	质量/g	分计筛余量/%	累计筛余量/%	质量/g	分计筛余量/%	累计筛余量/%
9.5						
4.75						
2.36						
1.18						
0.6						
0.3						
0.15						
筛底						
细度模数						
细度模数平均值						
结果评定	根据细度模数 M_x，该砂样属于_____砂					

(六)试验报告图

砂的颗粒级配及细度模数试验报告图如图 3-1 所示。

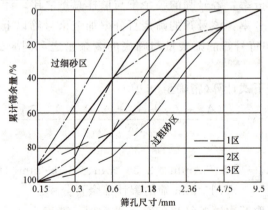

图 3-1 砂的颗粒级配及细度模数试验报告图

问：该砂料的级配是否符合要求？

_____

_____

四、石的表观密度试验

(一)试验方法

根据《建设用卵石、碎石》(GB/T 14685—2022)规定的试验方法测定石的表观密度。石子表观密度的测试方法有液体比重天平法和广口瓶法。本试验采用广口瓶法。

(二)主要仪器设备

1. 鼓风烘箱

鼓风烘箱能使温度控制在(105±5)℃。

2. 天平

天平的称量为2 kg,感量为1 g。

3. 广口瓶

广口瓶容量为1 000 mL,磨口、带玻璃片。

4. 其他

其他还包括方孔筛、温度计、搪瓷盘、毛巾等。

(三)试验步骤

按规定取样,用四分法缩分至略大于规定的数量,风干后筛除小于粒径为4.75 mm的颗粒,然后洗刷干净,分为大致相等的两份备用,见表3-5。

表3-5 碎石或卵石表观密度试验所需试样数量

最大粒径/mm	<26.5	31.5	37.5	63.0	75
最少试样质量/kg	2.0	3.0	4.0	6	6.0

(1)将试样浸水饱和,然后装入广口瓶中,注入饮用水,以上下左右摇晃的方法排除气泡。

(2)气泡排尽后,向瓶中加水至凸出瓶口,用玻璃片沿瓶口迅速滑行,使其紧贴瓶口水面。擦干瓶外水分,称出试样、水、瓶和玻璃片总质量,精确至1 g。

(3)将瓶中试样倒入浅盘,放在烘箱中(105±5)℃烘干至恒重,冷却至室温后,称其质量,精确至1 g。

(4)将瓶洗净,重新注入水,用玻璃片紧贴瓶口水面,擦干瓶外水分后,称出水、瓶和玻璃片总质量,精确至1 g。

(四)试验结果计算与评定

石的表观密度按下式计算(精确至10 kg/m³):

$$\rho_0 = \left(\frac{m_0}{m_0 + m_2 - m_1}\right) \times \rho_水$$

式中 ρ_0——表观密度(kg/m³);

m_0——烘干试样质量(g);

m_1——试样、水、瓶和玻璃片的总质量(g);

m_2——水、瓶和玻璃片的总质量(g);

$\rho_水$——水的密度(kg/m³)。

> **注意**

表观密度取两次试验结果的算术平均值,两次试验结果之差大于 20 kg/m³,须重新试验。对颗粒材质不均匀的试样,如两次试验结果之差超过 20 kg/m³,可取四次试验结果的算术平均值。

(五)试验记录表

将试验数据记入表 3-6 中。

表 3-6 石的表观密度试验数据记录表

试验名称：_____   试验日期：____年___月___日
气　　温：_____   湿　　度：_____

名称	次数	试样烘干质量/g	试样、水、瓶和玻璃片的总质量/g	水、瓶和玻璃片的总质量/g	表观密度/(kg·m⁻³)	平均值/(kg·m⁻³)
表观密度	1					
	2					

五、石的堆积密度试验

(一)试验方法

根据《建设用卵石、碎石》(GB/T 14685—2022)规定的试验方法,测定石的堆积密度。

(二)主要仪器设备

1. 台秤

称量 10 kg,感量 10 g。

2. 磅秤

称量 50 kg 或 100 kg,感量 50 g。

3. 容量筒

石子容量筒的选用应符合表 3-7 的要求。

表 3-7 石子容量筒的选用

最大粒径/mm	容量筒容积/L	容量筒规格		
		内径/mm	净高/mm	壁厚/mm
9.5, 16.0, 19.0, 26.5	10	208	294	2
31.5, 37.5	20	294	294	3
53.0, 63.0, 75.0	10	360	294	4

4. 其他

其他还包括垫棒、直尺、小铲等。

(三)试验步骤

按规定取样,烘干或风干后搅拌均匀,并将试样分为两份备用。

1. 松散堆积密度

取试样一份,用小铲将试样从容量筒口中心上方 50 mm 处徐徐倒入,使试样以自由落体落下,当容量筒溢满时,除去凸出容量筒口表面的颗粒,并以合适的颗粒填入凹陷部分,使表面稍凸起部分和凹陷部分的体积大致相等(试验过程应防止触动容量筒),称出试样和容量筒总质量(m_1),最后称空筒的质量(m_2)。

2. 紧密堆积密度

取试样一份,分 3 次装入容量筒。第一层装填完成后,在筒底垫放一根直径为 16 mm 的圆钢,将筒按住,左右交替颠击地面各 25 次,再装入第二层,第二层装满后用同样方法颠实,然后装入第三层,如法颠实。试样装填完毕,再加试样直至超过筒口,用钢尺沿筒口边缘刮去高出的试样,并用适合的颗粒填平,称取试样和容量筒的总质量,精确至 10 g。

提示

(1)松散堆积密度或紧密堆积密度人工颠实时,试样应从距离容量筒口 50 mm 处装入,不能过高也不能过低。

(2)紧密堆积密度人工颠实法中,每装填满一层后筒底垫放钢筋的方向要与前一层垂直。

(四)试验结果计算

石的松散或紧密堆积密度按下式计算(精确至 10 kg/m³):

$$\rho_1 = \frac{m_1 - m_2}{V}$$

式中 ρ_1——松散堆积密度或紧密堆积密度(kg/m³);

m_1——容量筒和试样的总质量(g);

m_2——容量筒的质量(g);

V——容量筒的容积(L)。

(五)试验记录表

将试验数据记入表 3-8 中。

表 3-8 石的堆积密度试验数据记录表

试验名称:_____ 试验日期:___年___月___日
气　温:_____ 湿　度:_____

名称	次数	容量筒的质量/g	容量筒和试样总质量/g	容量筒体积/L	堆积密度/(kg·m⁻³)	平均值/(kg·m⁻³)
堆积密度	1					
	2					

六、石的颗粒级配试验

(一)试验方法

根据《建设用卵石、碎石》(GB/T 14685—2022)规定粗骨料颗粒级配的试验方法,评定试样的颗粒级配分布情况的好坏。

(二)主要仪器设备

1. 烘箱

烘箱温度控制在(105±5)℃。

2. 天平

天平的分度值不大于最少试样质量的0.1%。

3. 试验筛

孔径为 2.36 mm、4.75 mm、9.50 mm、16.0 mm、19.0 mm、26.5 mm、31.5 mm、37.5 mm、53.0 mm、63.0 mm、75.0 mm、90 mm 的方孔筛,并附有筛底和筛盖,筛框内径为 300 mm。

4. 其他

其他还包括摇筛机、浅盘等。

(三)试验步骤

(1)从取回的试样中用四分法缩取不少于表3-9规定的质量,烘干或风干后备用。

表 3-9 颗粒级配试验所需最少试样质量

最大粒径/mm	9.5	16.0	19.0	26.5	31.5	37.5	63.0	≥75.0
最少试样质量/kg	1.9	3.2	3.8	5.0	6.3	7.5	12.6	16.0

(2)按表3-9的规定称取试样。将试样倒入按孔径大小从上到下组合的套筛(附筛底),然后进行筛分。

(3)将套筛置于摇筛机上,摇筛10 min;取下套筛,按筛孔大小顺序再逐个用手筛,筛至每分钟通过量小于试样总量的0.1%为止。通过的颗粒并入下一号筛中,并与下一号筛中的试样一起过筛,这样顺序进行,直至各号筛全部筛完为止。

> **注意**
>
> 当筛余颗粒的粒径大于19.0 mm时,在筛分过程中,允许用手指拨动颗粒。

(4)称出各号筛的筛余量。

(四)试验结果计算与评定

(1)计算分计筛余百分率:各号筛的筛余量与试样总质量之比,计算精确至0.1%。

(2)计算累计筛余百分率:该号筛的筛余百分率加上该号筛以上各分计筛余百分率之和,精确至1%。

(3)根据各号筛的累计筛余百分率并依据相应标准,判断该试样的颗粒级配及粒级规格。

(五)试验记录表

将试验数据记入表 3-10 中。

表 3-10　石的颗粒级配试验数据记录表

试验名称：_____　　　　　试验日期：_____年___月___日
气　　温：_____　　　　　湿　　度：_____

序号	筛孔径/mm	筛余质量/g	分计筛余百分比/%	累计筛余百分比/%
1	大于150(或120)			
2	150(或120)			
3	80			
4	40			
5	20			
6	10			
7	5			
8	小于5			
结论				

任务评价

(1)学生进行自我评价，并将结果填入表 3-11 中。

表 3-11　学生自评表

班级		姓名		学号	
学习任务	混凝土骨料性能试验				
评价项目	评价标准			分值	得分
混凝土骨料性能试验方法	能正确检测混凝土骨料性能			5	
仪器设备	正确使用仪器设备，熟悉其性能			10	
试验步骤	试验步骤符合规范要求			30	
数据处理	正确处理试验数据，评定结果			15	
工作态度	态度端正，无无故缺勤、迟到、早退现象			10	
工作质量	能按计划完成任务			10	
协调能力	与小组成员之间能合作交流、协调工作			5	
职业素质	能做到保护环境，爱护公共设施			5	
安全意识	做好安全防护，检查仪器设备，安全使用材料			5	
创新意识	通过阅读规范，能更好地完成混凝土骨料性能试验			5	
合计				100	

(2)学生以小组为单位进行互评,并将结果填入表3-12中。

表 3-12　学生互评表

班级						
		小组				
学习任务		混凝土骨料性能试验				
评价项目	分值	评价对象得分				
混凝土骨料性能试验方法	5					
仪器设备	10					
试验步骤	30					
数据处理	15					
工作态度	10					
工作质量	10					
协调能力	5					
职业素质	5					
安全意识	5					
创新意识	5					
合计	100					

(3)教师对学生工作过程与结果进行评价,并将结果填入表3-13中。

表 3-13　教师综合评价表

班级		姓名		学号	
学习任务		混凝土骨料性能试验			
评价项目	评价标准			分值	得分
混凝土骨料性能试验方法	能正确检测混凝土骨料性能			5	
仪器设备	正确使用仪器设备,熟悉其性能			10	
试验步骤	试验步骤符合规范要求			30	
数据处理	正确处理试验数据,评定结果			15	
工作态度	态度端正,无无故缺勤、迟到、早退现象			10	
工作质量	能按计划完成任务			10	
协调能力	与小组成员之间能合作交流、协调工作			5	
职业素质	能做到保护环境,爱护公共设施			5	
安全意识	做好安全防护,检查仪器设备,安全使用材料			5	
创新意识	通过阅读规范,能更好地完成混凝土骨料性能试验			5	
合计				100	
综合评价	自评(20%)	小组互评(30%)	教师评价(50%)	综合得分	

任务小结

任务二　混凝土拌合物和易性试验

任务引入

某校建工学院举办建筑材料实训技能竞赛,主要考核学生近阶段所学的混凝土拌合物试验,以此增强学生的专业技能、提高学生的竞争力和创造力,培养学生的自信心,激发学生的学习兴趣。

任务目的

掌握《普通混凝土拌合物性能试验方法标准》(GB/T 50080—2016)的测试方法,正确使用所用仪器与设备,并熟悉其性能。学会混凝土拌合物的拌制方法,通过测定骨料最大粒径不大于 40 mm、坍落度值不小于 10 mm 的混凝土拌合物坍落度,评定混凝土拌合物的黏聚性和保水性,为混凝土配合比设计、混凝土拌合物质量评定提供依据。

《普通混凝土拌合物性能试验方法标准》(GB/T 50080—2016)

任务分组

班级		组号		指导教师		
组长		学号				
组员	姓名	学号	姓名	学号	姓名	学号
任务分工						

获取信息

引导问题:什么是混凝土拌合物性能?

_____

_____

_____

相关知识

混凝土拌合物性能主要是指混凝土拌合物的和易性（又称工作性），是指混凝土拌合物在一定的施工条件下，便于各种施工工序的操作，以保证获得质量稳定、均匀密实的混凝土的性能，是一项综合技术指标，包括流动性、黏聚性和保水性3个主要方面的含义。

（1）流动性。流动性是指混凝土拌合物在自重或施工机械振捣作用下，产生流动并均匀密实地填满模具的性能。其大小将影响施工浇灌、振捣的难易和混凝土的质量。

（2）黏聚性。黏聚性是指混凝土拌合物各组成材料之间具有一定的黏聚力，在施工过程中不致产生分层（拌合物在停放、运输、成型过程中受重力或外力作用发生各组分出现层状分离的现象）和离析（拌合物中某组分产生分离、析出的现象），仍能保持整体均匀的性质。

（3）保水性。保水性是指混凝土拌合物保持水分的能力。保水性差的混凝土拌合物在振实后，会有水分泌出，并在混凝土内形成贯通的孔隙。这不但会影响混凝土的密实性，降低强度，而且还会影响混凝土的抗渗、抗冻等耐久性能。

实施步骤

一、试验方法

根据《普通混凝土拌合物性能试验方法标准》（GB/T 50080—2016）检测混凝土拌合物和易性，其试验方法有坍落度法、坍落度扩展法和维勃稠度法。

二、主要仪器设备

(1) 混凝土搅拌机。温度控制在(105±5)℃。
(2) 磅秤。
(3) 坍落度仪。
(4) 天平。
(5) 拌合钢板、坍落度筒、捣棒、直尺、小铲和漏斗等。

仪器设备

三、试验步骤

1. 取样

同一组混凝土拌合物的取样应从同一盘混凝土或同一车混凝土中取样，取样量应多于试验所需量的1.5倍，且不小于20 L。混凝土拌合物取样应具有代表性，宜采用多次采样的方法。一般在同一盘混凝土或同一车混凝土中约1/4、1/2、3/4处之间分别取样，从第一次取样到最后一次取样不宜超过15 min，然后人工搅拌均匀。

> **注意**
>
> 从取样完毕到开始做各项性能试验不宜超过5 min。

2. 试样制备

(1)在实验室制备混凝土拌合物时，试验用原材料和实验室温度应保持在(20±5)℃，或与施工现场保持一致。

(2)拌和混凝土时，材料用量以质量计。称量精度：骨料为±1%；水、水泥、掺合料及外加剂均为±0.5%。

(3)混凝土拌合物的制备应符合《普通混凝土配合比设计规程》(JGJ 55—2011)中的有关规定。

(4)从试样制备完毕到开始做各项性能试验不宜超过 5 min。

3. 记录

(1)取样记录：取样日期和时间、工程名称、结构部位、混凝土强度等级、取样方法、试样编号、试样数量、环境温度及取样的混凝土温度。

(2)试样制备记录：实验室温度，各种原材料品种、规格、产地及性能指标，混凝土配合比和每盘混凝土的材料用量。

4. 拌合方法

按所选混凝土配合比备料，拌合温度为(20±5)℃。

(1)人工拌合法。

①干拌：将拌合钢板与拌铲用湿布润湿后，将砂平摊在拌合钢板上，再倒入水泥，用拌铲自拌合钢板一端翻拌至另一端，如此反复，直至翻拌均匀；加入石子，继续翻拌至均匀。

②湿拌：在混合均匀的干拌合物中间制作一凹槽，倒入已称量好的水(约一半)，翻拌数次，并徐徐加入剩下的水，继续翻拌，直至均匀。

③拌和时间控制：拌和从加水时算起，应在 10 min 内完成。

(2)机械拌合法。

①预拌：预拌前先对混凝土搅拌机挂浆，即用按配合比要求的水泥、砂、水及少量石子，在搅拌机中搅拌，然后倒出多余砂浆。

> **注意**
>
> 目的是防止正式拌和时水泥浆挂失影响到混凝土的配合比。

②拌和：向搅拌机内依次加入石子、水泥、砂子，开动搅拌机搅动 2~3 min。

③将拌合物从搅拌机中卸出，倒在拌合钢板上，人工拌和 1~2 min。

5. 检测方法

(1)坍落度法。坍落度试验适用于坍落度值不小于 10 mm，骨料最大粒径不大于 40 mm 的混凝土拌合物稠度测定，确定混凝土拌合物和易性是否满足施工要求。

①润湿坍落度筒及钢板，在坍落度内壁和钢板上应无明水。钢板应放置在坚实水平面上，并把筒放在钢板中心，然后用脚踩住两边的脚踏板，坍落度筒在装料时应保持固定的位置。

> **提示**
>
> 筒顶部加上漏斗，放在钢板上，双脚踩住脚踏板。

②把混凝土试样用小铲分 3 层均匀地装入筒内,每层高度约为筒高的 1/3;每层用捣棒插捣 25 次,插捣应沿螺旋方向由外向中心进行,各次插捣应在截面上均匀分布;插捣筒边混凝土时,捣棒可以稍稍倾斜;在插捣底层时,捣棒应贯穿整个深度。

插捣第 2 层和顶层时,捣棒应插透本层至下一层的表面;浇灌顶层时,混凝土应浇灌到高出筒口;在插捣过程中,如混凝土沉落到低于筒口,则应随时添加;顶层插捣完成后,刮去多余的混凝土,并用抹刀抹平。

③清除筒边底板上的混凝土后,垂直平稳地提起坍落度筒。坍落度筒的提离过程应在 5~10 s 内完成;从开始装料到提坍落度筒的整个过程应不间断地进行,并应在 150 s 内完成。

④采用坍落度法时,提起度筒后,测量筒高与坍落后混凝土试体最高点之间的高度差,即为该混凝土拌合物的坍落度值,精确至 1 mm。

⑤坍落度筒提离后,如混凝土发生崩塌或一边剪坏现象,则应重新取样另行测定;如第 2 次试验仍出现上述现象,则表示该混凝土和易性不好,应予以记录备查。

⑥观察坍落后混凝土试体的黏聚性及保水性。黏聚性的检查方法是用捣棒在已坍落的混凝土锥体侧面轻轻敲打,如果锥体逐渐下沉,则表示黏聚性良好;如果锥体倒塌、部分崩裂或出现离析现象,则表示黏聚性不好。

保水性的检查方法是:坍落度筒提起后,如有较多的稀浆从底部析出,锥体部分的混凝土也因失浆而骨料外露,则表示保水性不好;如无稀浆或仅有少量稀浆自底部析出,则表示保水性良好。

(2)维勃稠度法。维勃稠度法适用于骨料最大粒径不大于 40 mm,维勃稠度在 5~30 s 的混凝土拌合物稠度测定;坍落度≤50 mm 或干硬性混凝土的稠度测定。

①维勃稠度仪应放置在坚实水平面上,用湿布把容器、坍落度筒、喂料斗内壁及其他用具润湿。

将喂料斗提到坍落度筒上方扣紧,校正容器位置,使其中心与喂料中心重合,然后拧紧固定螺钉。

②把按要求取样或制作的混凝土拌合物试样用小铲分 3 层经喂料斗均匀地装入筒内。把喂料斗转离,垂直地提起坍落度筒,此时应注意不使混凝土试体产生横向扭动。

③把透明圆盘转到混凝土圆台顶面,放松测杆螺钉,降下圆盘,使其轻轻接触到混凝土顶面。

④拧紧定位螺钉,并检查测杆螺钉是否已经完全放松。

⑤在开启振动台的同时用秒表计时,当振动到透明圆盘的底面被水泥浆布满的瞬间停止计时,关闭振动台。由秒表读出时间即该混凝土拌合物的维勃稠度值,精确至 1 s。

■ 四、试验结果评定

(1)由计时器读出振动台振动时间,单位为秒(s),即为该混凝土拌合物的维勃稠度值。

(2)若维勃稠度值小于 5 s 或大于 30 s,则此种混凝土所具有的稠度已超出本仪器的适用范围,不能用维勃稠度值表示。

注意

混凝土拌合物坍落度以 mm 为单位,测量精确至 1 mm,结果表达修约至 5 mm。

五、试验记录表

将试验数据记入表 3-14 中。

表 3-14 混凝土拌和物和易性试验数据记录表

试验名称：_____　　　　　　试验日期：_____年___月___日
气　　温：_____　　　　　　湿　度：_____

1. 坍落度法

粗骨料最大粒径：_____mm。拟订坍落度：_____。
混凝土初步配合比为水泥∶水∶砂子∶石子＝_____。

配合比	拌和 15 L 混凝土所用各材料用量/kg				坍落度/mm	黏聚性	保水性
	水泥	砂子	石子	水			
初步配合比							
第一次调整增加量							
第二次调整增加量							
合计							

坍落度平均值：

黏聚性评述：

保水性评述：

和易性评定：

2. 维勃稠度法

粗骨料最大粒径：_____。
混凝土配合比（水泥∶水∶砂子∶石子）：_____。
维勃稠度值：_____。

任务评价

(1)学生进行自我评价，并将结果填入表 3-15 中。

表 3-15 学生自评表

班级		姓名		学号	
学习任务		混凝土拌合物和易性试验			
评价项目	评价标准			分值	得分
混凝土拌合物和易性试验方法	能正确检测混凝土拌合物和易性，并判别其好坏			5	
仪器设备	正确使用仪器设备，熟悉其性能			10	
试验步骤	试验步骤符合规范要求			30	
数据处理	正确处理试验数据，评定结果			15	
工作态度	态度端正，无无故缺勤、迟到、早退现象			10	
工作质量	能按计划完成任务			10	
协调能力	与小组成员之间能合作交流、协调工作			5	
职业素质	能做到保护环境，爱护公共设施			5	
安全意识	做好安全防护，检查仪器设备，安全使用材料			5	
创新意识	通过阅读规范，能更好地完成混凝土拌合物和易性试验			5	
合计				100	

(2)学生以小组为单位进行互评，并将结果填入表 3-16 中。

表 3-16 学生互评表

班级			小组				
学习任务		混凝土拌合物和易性试验					
评价项目	分值	评价对象得分					
混凝土拌合物和易性试验方法	5						
仪器设备	10						
试验步骤	30						
数据处理	15						
工作态度	10						
工作质量	10						
协调能力	5						
职业素质	5						
安全意识	5						
创新意识	5						
合计	100						

(3)教师对学生工作过程与结果进行评价,并将结果填入表 3-17 中。

表 3-17　教师综合评价表

班级			姓名		学号	
学习任务		混凝土拌合物和易性试验				
评价项目		评价标准			分值	得分
混凝土拌合物和易性试验方法		能正确检测混凝土拌合物和易性,并判别其好坏			5	
仪器设备		正确使用仪器设备,熟悉其性能			10	
试验步骤		试验步骤符合规范要求			30	
数据处理		正确处理试验数据,评定结果			15	
工作态度		态度端正,无无故缺勤、迟到、早退现象			10	
工作质量		能按计划完成任务			10	
协调能力		与小组成员之间能合作交流、协调工作			5	
职业素质		能做到保护环境,爱护公共设施			5	
安全意识		做好安全防护,检查仪器设备,安全使用材料			5	
创新意识		通过阅读规范,能更好地完成混凝土拌合物和易性试验			5	
		合计			100	
综合评价	自评(20%)		小组互评(30%)	教师评价(50%)	综合得分	

任务小结

任务三　混凝土抗压强度试验

任务引入

根据任务二检测和易性满足施工要求的混凝土拌合物按规定方法制成标准立方体试件，经 28 d 标准养护后，测定其抗压破坏荷载，计算其抗压强度。

任务目的

通过测定混凝土立方体抗压强度，校验、调整混凝土配合比，确定混凝土强度等级，并为评定混凝土质量提供依据。按《混凝土物理力学性能试验方法标准》(GB/T 50081—2019)进行测定。

《混凝土物理力学性能
试验方法标准》
(GB/T 50081—2019)

任务分组

班级		组号		指导教师			
组长		学号					
组员	姓名	学号	姓名	学号	姓名	学号
任务分工						

获取信息

引导问题：什么是混凝土的立方体抗压强度？

_____
_____
_____
_____
_____
_____

相关知识

混凝土在结构中主要作承重构件,并且主要承受压力作用,所以,抗压强度是衡量混凝土力学性能的重要指标。我国现行标准规定以混凝土的立方体抗压强度标准值作为混凝土强度等级的依据。混凝土强度等级是混凝土施工中控制工程质量和工程验收时的重要依据。

所谓立方抗压强度标准值,是指对按标准方法制作和养护的边长为 150 mm 的立方体试件,在 28 d 龄期用标准试验方法测得的抗压强度总体分布中的一个值。当混凝土确定为某一强度等级时,该混凝土的立方抗压强度标准值应大于等于所对应的强度等级,并且强度保证率达 95% 以上。

实施步骤

一、试验方法

根据《混凝土物理力学性能试验方法标准》(GB/T 50081—2019)进行测定。

二、主要仪器设备

(1)压力试验机。精度(示值的相对误差)至少为±2%,其量程应能使试件非预期破坏荷载值不小于全量程的 20%,也不大于全量程的 80%。

(2)试模。由铸铁或钢制成,应具有足够的刚度并便于拆装。试模内表面应刨光,其不平度应不大于试件边长的 0.05%,组装后各相邻面的不垂直度应不超过±0.5 mm。

(3)振动台。

(4)钢尺。

(5)钢制捣棒。

(6)养护室。

仪器设备

三、试验步骤

1. 试件制作

(1)试验采用立方体试件,三个试件为一组,以 150 mm×150 mm×150 mm 试件为标准;也可采用 200 mm×200 mm×200 mm 试件;当粗骨料粒径较小时可用 100 mm×100 mm×100 mm 试件。

提示

制作试件前,首先检查试模的尺寸、内表面平整度和相邻面夹角是否符合要求,拧紧螺栓,将试模清理干净,并在其内壁涂一层矿物油脂或其他脱模剂。

(2)将配制好的混凝土拌合物装模成型,成型方法按混凝土的稠度而定。混凝土拌合物拌制后宜在 15 min 内成型。

①振动台振实成型：坍落度不大于 70 mm 的混凝土拌合物，一次装入试模并高出试模上口。振动时应防止试模在振动台上自由跳动。振动应持续到混凝土表面出浆为止，刮除多余的混凝土，并用抹刀抹平。对于坍落度大于 70 mm 的黏度和含气量较大的混凝土也可用振实成型。

②人工插捣成型：坍落度大于 70 mm 的混凝土拌合物，应分两层装入试模，每层的装料厚度大致相等。用捣棒插捣时，应按螺旋方向从边缘向中心均匀进行，插捣底层时，捣棒应达到试模表面；插捣上层时，捣棒应穿入下层 20～30 mm；插捣时捣棒应保持垂直，不得倾斜。

注意

每层的插捣次数一般每 100 cm² 面积不应少于 12 次。插捣完成后，刮除多余的混凝土，并用抹刀抹平。

2. 试件养护

采用标准养护的试件，成型后应立即用不透水的薄膜覆盖，以防止水分蒸发，并应在室温为(20±5)℃情况下静置 1～2 d，然后编号、拆模。

拆模后的试件，应立即将试件放在标准养护室的架上，彼此间隔应 10～20 mm 并应避免用水直接淋刷试件；或在温度为(20±2)℃的不流动 $Ca(OH)_2$ 饱和溶液中养护；标准养护龄期为 28 d。

3. 抗压强度试验

(1)从养护室取出到养护龄期的试件，随即擦干并量尺寸(精确到 1 mm)，并以此计算试件的受压面积 $A(mm^2)$。

(2)将试件安放在试验机的下压板上，试件的承压面应与成型时的顶面垂直。试件的中心应与试验机下压板中心对准。开动试验机，当上压板与试件接近时，调整球座，使接触均衡。

(3)加荷时当混凝土强度等级低于 C30 时，取每秒钟 0.3～0.5 MPa；30≤强度等级＜C60 时，取每秒 0.5～0.8 MPa；强度等级≥C60 时，取每秒钟 0.8～1.0 MPa 的速度连续而均匀地加荷。当试件接近破坏而开始迅速变形时，应停止调整试验机油门，直至破坏，然后记录破坏荷载 $P(N)$。

四、试验结果计算

混凝土立方体试件抗压强度按下式计算(精确至 0.1 MPa)。

$$f_{cu} = \frac{F}{A}$$

式中　f_{cu}——混凝土立方体试件抗压强度(MPa)；
　　　F——试件破坏荷载(N)；
　　　A——试件承压面积(mm^2)。

提示

取三个试件测值的算术平均值作为该组试件的抗压强度值。三个测值中的最大值或最小值中如有一个与中间值的差值超过中间值的 15% 时，则把最大值及最小值一并舍除，取中间值为该组抗压强度值。如有两个测值与中间值的差均超过中间值的15%，则该组试件的试验结果无效。

当混凝土强度等级＜C60时，用非标准试件测得的强度值均应乘以尺寸换算系数，边长为200 mm试件的尺寸换算系数为1.05；边长为100 mm试件的尺寸换算系数为0.95。当混凝土强度等级≥C60时，宜采用标准试件，使用非标准试件时，尺寸换算系数应由试验确定。

五、试验记录表

将试验数据记入表3-18中。

表3-18　混凝土试块抗压强度试验数据记录表

试验名称：_____　　　　　　　　　　试验日期：____年____月____日
气　　温：_____　　　　　　　　　　湿　　度：_____

编号	受压面尺寸 /mm		受压面积 A/mm^2	破坏荷载 P/kN	换算系数	3 d抗压强度 f_{cu} /MPa		28 d抗压强度 f_{cu} /MPa	
	a	b				测定值	平均值	测定值	平均值

结果评定：根据国家标准，该混凝土强度等级为_____。

任务评价

（1）学生进行自我评价，并将结果填入表3-19中。

表3-19　学生自评表

班级		姓名		学号	
学习任务		混凝土抗压强度试验			
评价项目	评价标准			分值	得分
混凝土抗压强度试验方法	能正确检测混凝土抗压强度，并判别其强度等级			5	
仪器设备	正确使用仪器设备，熟悉其性能			10	
试验步骤	试验步骤符合规范要求			30	
数据处理	正确处理试验数据，评定结果			15	
工作态度	态度端正，无无故缺勤、迟到、早退现象			10	
工作质量	能按计划完成任务			10	
协调能力	与小组成员之间能合作交流、协调工作			5	
职业素质	能做到保护环境，爱护公共设施			5	
安全意识	做好安全防护，检查仪器设备，安全使用材料			5	
创新意识	通过阅读规范，能更好地完成混凝土抗压强度试验			5	
合计				100	

(2)学生以小组为单位进行互评,并将结果填入表 3-20 中。

表 3-20　学生互评表

班级							
学习任务	混凝土抗压强度试验						
评价项目	分值	评价对象得分					
混凝土抗压强度试验方法	5						
仪器设备	10						
试验步骤	30						
数据处理	15						
工作态度	10						
工作质量	10						
协调能力	5						
职业素质	5						
安全意识	5						
创新意识	5						
合计	100						

(3)教师对学生工作过程与结果进行评价,并将结果填入表 3-21 中。

表 3-21　教师综合评价表

班级		姓名		学号	
学习任务		混凝土抗压强度试验			
评价项目	评价标准			分值	得分
混凝土抗压强度试验方法	能正确检测混凝土抗压强度,并判别其强度等级			5	
仪器设备	正确使用仪器设备,熟悉其性能			10	
试验步骤	试验步骤符合规范要求			30	
数据处理	正确处理试验数据,评定结果			15	
工作态度	态度端正,无无故缺勤、迟到、早退现象			10	
工作质量	能按计划完成任务			10	
协调能力	与小组成员之间能合作交流、协调工作			5	
职业素质	能做到保护环境,爱护公共设施			5	
安全意识	做好安全防护,检查仪器设备,安全使用材料			5	
创新意识	通过阅读规范,能更好地完成混凝土抗压强度试验			5	
合计				100	
综合评价	自评(20%)	小组互评(30%)	教师评价(50%)	综合得分	

任务小结

任务四　混凝土抗渗性能试验

任务引入

混凝土抗渗试验广泛应用于道路、桥梁、建筑、水利等各个领域，对于防水有较高要求的建筑，其所使用的混凝土的抗渗性能是非常重要的技术指标。

任务目的

混凝土抗渗性能试验的主要目的是评估混凝土材料在水压力下的渗透性能，检测混凝土硬化后的防水性能，以测定其抗渗强度等级，并应遵守《普通混凝土长期性能和耐久性能试验方法标准》(GB/T 50082—2009)。

任务分组

班级		组号		指导教师			
组长		学号					
组员	姓名	学号	姓名	学号	姓名	学号	
任务分工							

获取信息

引导问题：什么是抗渗混凝土？

_____

_____

_____

_____

_____

_____

相关知识

抗渗混凝土是指抗渗等级等于或大于P6级的混凝土。抗渗混凝土通过提高混凝土的密实度，改善孔隙结构，从而减少渗透通道，提高抗渗性。

常用的办法是掺用引气型外加剂，使混凝土内部产生不连通的气泡，截断毛细管通道，改变孔隙结构，从而提高混凝土的抗渗性。此外，减小水胶比，选用适当品种及强度等级的水泥，保证施工质量，特别是注意振捣密实、养护充分等，都对提高抗渗性能有重要作用。

实施步骤

一、主要仪器设备

(1)压力机。加压装置为螺旋或其他形式，其压力以能把试件压入试件套内为宜。
(2)混凝土抗渗仪。能使水压按规定稳定的作用在试件上。
(3)密封材料。橡胶套和洗洁精。
(4)玻璃板。
(5)钢直尺。
(6)钢丝刷。
(7)试模等。

仪器设备

二、试验步骤

1. 试件制备

(1)抗渗性能试验应采用顶面直径为175 mm、底面直径为185 mm、高度为150 mm的圆台或直径与高度均为150 mm的圆柱体试件。

(2)每组试件为6个，如用人工插捣成型时，分两层装入混凝土拌合物，每层插捣25次，在标准养护条件下进行养护。如结合工程需要，则在浇筑地点制作，每单位工程制作试件不少于两组，其中至少一组应在标准条件下养护，其余试件与构件在相同条件下养护。试件养护期不得少于28 d，不得超过90 d。

(3)试件成型后24 h拆模，用钢丝刷刷净两端面水泥浆膜，标准养护龄期28 d。

2. 试件养护

试件养护至试验前1天取出，用钢丝刷刷净两端面，洗净粉尘和砂粒，擦干表面，待表面干燥后，在试件侧面滚涂一薄层洗洁精，然后套上橡胶套，再在橡胶套上涂一薄层洗洁精，然后套上试模，最后在压力机上加压，使试件表面和试模平齐后，即可解除压力，装在抗渗仪上进行试验。

(1)试验时，水压从0.1 MPa开始，每隔8 h增加水压0.1 MPa，并随时观察试件端面情况，一直加至6个试件中有3个试件表面出现渗水，记下此时渗水压力，即可停止试验。

(2)当加压至设计抗渗等级，经8 h后第三个试件仍不渗水，表明混凝土已满足设计要求，也可停止试验。

(3)完成试验后，及时将抗渗试件的试模脱去，将试件放在压力机上，沿纵断面将试件劈裂成两半，待看清水痕后(过2~3 min)用墨水描出水痕，笔记不宜太粗。

(4)将玻璃板放在试件的劈裂面上,用钢直尺量出十条线的渗水高度。

> **注意**
>
> 如果在试验过程中,发现水从试件周边渗出,则停止试验,重新密封。

三、试验结果处理与分析

1. 数据处理

混凝土的抗渗性用抗渗等级(P)或渗透系数来表示。我国标准采用抗渗等级来表示混凝土的抗渗性。抗渗等级是以 28 d 龄期的标准试件,按标准试验方法进行试验时所能承受的最大水压力来确定。

《混凝土质量控制标准》(GB 50164—2011)规定,根据混凝土试件在抗渗试验时所能承受的最大水压力,混凝土的抗渗等级分为 P4、P5、P6、P8、P10 和大于 P12 六个等级,分别表示混凝土能抵抗 0.4 MPa、0.5 MPa、0.6 MPa、0.8 MPa、1.0 MPa 和 1.2 MPa 及以上的水压力而不渗透。

混凝土的抗渗强度等级以每组 6 个试件中 4 个未发生渗水现象的最大压力表示。抗渗强度等级按下式计算:

$$S = 10H - 1$$

式中　S——混凝土抗渗强度等级;
　　　H——第三个试件顶面开始有渗水时的水压力(MPa)。

> **注意**
>
> 混凝土抗渗强度等级分级为 S2、S4、S5、S6、S8、S10、S12。若加压至 1.2 MPa,经过 8 h,第三个试件仍未渗水,则停止试验,试件的抗渗强度等级以 S12 表示。

2. 检测结果评定

(1)以 10 个测点处渗水高度的算术平均值作为该试件的渗水高度。
(2)混凝土抗渗等级可表示为 P6、P8、P12。

四、试验记录表

将试验数据记入表 3-22 中。

表 3-22　混凝土抗渗性能试验数据记录表

试验名称:		试验日期:＿＿＿年＿＿月＿＿日
气　温:		湿　度:

使用部位		检测时间		检测人	
要求抗渗等级		执行标准			
试件尺寸/mm					
6 个试件中 3 个渗水时的水压力/MPa					
结果评定					

任务评价

(1) 学生进行自我评价，并将结果填入表 3-23 中。

表 3-23　学生自评表

班级		姓名		学号	
学习任务		混凝土抗渗性能试验			
评价项目	评价标准			分值	得分
混凝土抗渗性能试验方法	能正确检测混凝土抗渗性能，并判别其是否符合要求			5	
仪器设备	正确使用仪器设备，熟悉其性能			10	
试验步骤	试验步骤符合规范要求			30	
数据处理	正确处理试验数据，评定结果			15	
工作态度	态度端正，无无故缺勤、迟到、早退现象			10	
工作质量	能按计划完成任务			10	
协调能力	与小组成员之间能合作交流、协调工作			5	
职业素质	能做到保护环境，爱护公共设施			5	
安全意识	做好安全防护，检查仪器设备，安全使用材料			5	
创新意识	通过阅读规范，能更好地完成混凝土抗渗性能试验			5	
合计				100	

(2) 学生以小组为单位进行互评，并将结果填入表 3-24 中。

表 3-24　学生互评表

班级			小组		
学习任务		混凝土抗渗性能试验			
评价项目	分值	评价对象得分			
混凝土抗渗性能试验方法	5				
仪器设备	10				
试验步骤	30				
数据处理	15				
工作态度	10				
工作质量	10				
协调能力	5				
职业素质	5				
安全意识	5				
创新意识	5				
合计	100				

（3）教师对学生工作过程与结果进行评价，并将结果填入表 3-25 中。

表 3-25　教师综合评价表

班级			姓名		学号	
	学习任务		混凝土抗渗性能试验			
	评价项目		评价标准		分值	得分
混凝土抗渗性能试验方法			能正确检测混凝土抗渗性能，并判别其是否符合要求		5	
	仪器设备		正确使用仪器设备，熟悉其性能		10	
	试验步骤		试验步骤符合规范要求		30	
	数据处理		正确处理试验数据，评定结果		15	
	工作态度		态度端正，无无故缺勤、迟到、早退现象		10	
	工作质量		能按计划完成任务		10	
	协调能力		与小组成员之间能合作交流、协调工作		5	
	职业素质		能做到保护环境，爱护公共设施		5	
	安全意识		做好安全防护，检查仪器设备，安全使用材料		5	
	创新意识		通过阅读规范，能更好地完成混凝土抗渗性能试验		5	
			合计		100	
综合评价	自评（20%）		小组互评（30%）	教师评价（50%）	综合得分	

任务小结

项目检测与拓展

思考题

1. 混凝土工程在选用细骨料时，如何考虑砂的细度模数和级配？
2. 检验骨料级配的目的是什么？
3. 养护条件对混凝土强度有何影响？
4. 混凝土拌合物和易性的定义是什么？如何评定？
5. 普通混凝土用砂按细度模数分为哪些？
6. 混凝土的强度主要包括哪些？

思考题答案

拓展知识

镜面混凝土——白鹤滩水电站背后的关键技术

白鹤滩水电站泄洪洞作为世界级水电工程，用"三大三高"形容其特点，即大泄量(12 250 m³/s)、大断面(15 m×18 m)、大坡度(最大 23°)、高流速(最大 47 m/s)、高水头(189 m)、高强度(混凝土强度)，每一项都是世界级难题。

白鹤滩水电站泄洪洞是水电工程中承担泄洪任务的建筑物。其受高速水流影响，泄洪洞是电站运行期间最易出现混凝土破坏的部位，行业内一直在探索水工隧洞高质量混凝土衬砌。在混凝土施工阶段以"体型精准、平整光滑、耐磨防裂、零缺陷"为目标开展各项技术攻关，选用了更易掌控温控防裂，且抗冲磨性能更好的常态混凝土，在前期上平段施工中交出了优异的"镜面混凝土"成绩单，浇筑完的混凝土平整光滑，看不到一点瑕疵，过水养护后甚至呈现出镜面效果。

白鹤滩水电站泄洪洞龙落尾段施工阶段积累的创新成果，对破解水工隧洞无缺陷混凝土衬砌这一行业难题具有十分重要的意义，再一次为填补世界水电建设技术空白提供了中国智慧，彰显了我国的科技力量，展现了我国坚持不懈、自主创新、不断进步、不断发展的精神。

项目四　建筑砂浆性能检测

项目导入

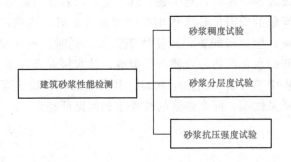

建筑砂浆是由胶凝材料、细骨料、掺合料、水,以及根据性能确定的各种组分按照一定比例配制而成的材料。与普通混凝土相比,砂浆又称细骨料混凝土。建筑砂浆在建筑工程中是一项用量大、用途广泛的建筑材料。在砖石结构中,砂浆可以将砖、石块、砌块胶结成砌体;墙面、地面、天棚及钢筋混凝土梁、柱等结构表面,需要用砂浆抹面,起到保护结构和装饰的作用。

根据用途不同,建筑砂浆可分为砌筑砂浆、抹面砂浆、装饰砂浆及特种砂浆;根据胶结材料不同,建筑砂浆可分为水泥砂浆、石灰砂浆、混合砂浆和聚合物水泥砂浆等。

任务一　砂浆稠度试验

任务引入

扬州市某办公楼是砖混结构，工程交接验收时质量良好，但使用一年后，发现砖体裂缝，抹灰层起壳。继续观察半年后，建筑物裂缝严重，以致成为危房，不能使用。

该工程产生以上问题的原因是砂浆作用的砂用硫铁矿渣，硫铁矿渣中的三氧化硫和硫酸根与水泥或石膏反应，生成硫酸钙，致使体积膨胀。同时，硫含量较多，在砂浆硬化后不断生成此类体积膨胀的水化产物，致使产生裂缝，抹灰层起壳。

砂浆作为墙体工程中不可缺少的黏结材料，其性能的优劣决定了墙体工程质量及耐久性，必须重视砂浆的质量性能，那么砂浆的性能该如何保证呢？

任务目的

根据《建筑砂浆基本性能试验方法标准》(JGJ/T 70—2009)对砂浆性能进行检测，保证砂浆的质量。

本任务检测砂浆的稠度试验，可以测得达到设计稠度时的加水量，或在现场对要求的稠度进行控制，以保证施工质量。

《建筑砂浆基本性能试验方法标准》
(JGJ/T 70—2009)

任务分组

班级		组号		指导教师		
组长		学号				
组员	姓名	学号	姓名	学号	姓名	学号
任务分工						

获取信息

引导问题：什么是砂浆稠度？

_____

_____

相关知识

砂浆稠度是用标准圆锥体,在规定时间内沉入砂浆拌合物的深度(沉入度),以 mm 表示。砂浆的流动性越大,沉入值就越大,所测得的稠度值也就越大。所以,稠度值越大,砂浆应该越稀,当在干热条件下砌筑时,应选用较大稠度值的砂浆,干热条件下水分蒸发快,稠度值大水分多,使砂浆不至于迅速变干。

砂浆稠度对施工的难易程度有重要影响,它描述了砂浆在施工过程中的流动性、易塑性,以及保持形状的能力。

实施步骤

一、试验方法

根据《建筑砂浆基本性能试验方法标准》(JGJ/T 70—2009)规定的试验方法。

二、主要仪器设备

(1)铲子。
(2)磅秤。
(3)天平。
(4)拌合钢板、抹刀等。
(5)砂浆稠度仪。
(6)钢制捣棒。
(7)台秤、量筒、秒表等。

仪器设备

三、拌合方法

(1)人工拌合法。
①将称量好的砂子倒在拌合钢板上,然后加入水泥,用拌合钢铲拌和至混合物颜色均匀为止。
②将混合物堆成堆,在其中间做一凹槽,将称量好的石灰膏(或黏土膏)倒入其中,再加适量的水将石灰膏或黏土膏调稀(若为水泥砂浆,则将量好的水的一半倒入凹槽中),然后与水泥、砂子共同拌和,用量筒逐次加水拌和,每翻拌一次,需用拌合钢铲将全部砂浆压切一次,直至拌合物色泽一致,和易性凭经验(可直接用砂浆稠度测定仪上的试锥测试)调整到符合要求为止。
③一般每次拌和从加水完毕时至完成拌制需 3~5 min。
(2)机械拌合法。
①用正式拌和砂浆时的相同配合比先拌适量砂浆,使搅拌机内壁黏附一层薄水泥砂浆,可使正式拌和时的砂浆配合比成分准确,保证拌和质量。
②先称量好各项材料,然后依次将砂子、水泥装入搅拌机;开动搅拌机将水徐徐加入(混合砂浆需将石灰膏或黏土膏用水调稀至浆状),搅拌 3 min(搅拌的容量不宜少于搅拌机

容量的 20%，搅拌时间不宜小于 2 min）；将砂浆拌合物倒在拌合钢铁板上，用拌合钢铲翻拌两次，使之混合均匀。

■ 四、试验步骤

（1）盛浆容器和试锥表面用湿布擦干净后，用少量润滑油轻擦滑杆，保证滑杆能自由滑动，将拌好的砂浆一次装入容器，使砂浆表面低于容器口约 10 mm，用捣棒自容器中心向边缘插捣 25 次（前 12 次需插到筒底），然后轻轻地将容器摇动或敲击 5~6 下，使砂浆表面平整，随后将容器置于稠度测定仪的底座上。

（2）拧开试锥滑杆的制动螺钉，向下移动滑杆，当试锥尖端与砂浆表面刚接触时，拧紧制动螺钉，使齿条侧杆下端刚接触滑杆上端，并调零。

（3）拧开制动螺钉，使锥体自由落入砂浆中，同时计时间，待 10 s 立刻固定螺钉，将齿条测杆下端接触滑杆上端，读出下沉深度（精确到 1 mm）即为砂浆的稠度值。

（4）圆锥形容器内砂浆，只允许测定一次稠度，重复测定时，应重新取样测定。

注意

（1）往盛浆容器中装入砂浆试样前，一定要将砂浆翻拌均匀，干稀一致。
（2）试验时应将刻度盘牢牢固定在相应位置，不得松动，以免影响检测精度。

■ 五、试验结果评定

（1）取两次试验结果的算术平均值作为砂浆稠度的测定结果，计算值精确至 1 mm。
（2）两次试验值之差如大于 20 mm，则应另取砂浆搅拌后重新测定。
（3）如稠度值不符合要求，可酌情加水或石灰膏，重新拌制再测，直到符合要求为止。但从加水拌和算起，时间不准超过 30 min，否则重新拌制。

■ 六、试验记录表

将试验数据记入表 4-1 中。

表 4-1 砂浆稠度试验数据记录表

试验名称：_____　　　　试验日期：____年____月____日
气　　温：_____　　　　湿　　度：_____

编号	拌和_____L 砂浆所用各材料用量/kg			稠度值 l/cm	稠度平均值 $\bar{l}$/cm
	水泥 m_1	砂子 m_2	水 m_3		
1					
2					

任务评价

(1)学生进行自我评价,并将结果填入表 4-2 中。

表 4-2 学生自评表

班级			姓名		学号	
	学习任务	砂浆稠度试验				
	评价项目	评价标准			分值	得分
	砂浆稠度试验方法	能正确检测砂浆稠度性能			5	
	仪器设备	正确使用仪器设备,熟悉其性能			10	
	试验步骤	试验步骤符合规范要求			30	
	数据处理	正确处理试验数据,评定结果			15	
	工作态度	态度端正,无无故缺勤、迟到、早退现象			10	
	工作质量	能按计划完成任务			10	
	协调能力	与小组成员之间能合作交流、协调工作			5	
	职业素质	能做到保护环境,爱护公共设施			5	
	安全意识	做好安全防护,检查仪器设备,安全使用材料			5	
	创新意识	通过阅读规范,能更好地完成砂浆稠度试验			5	
	合计				100	

(2)学生以小组为单位进行互评,并将结果填入表 4-3 中。

表 4-3 学生互评表

班级				小组			
	学习任务	砂浆稠度试验					
	评价项目	分值	评价对象得分				
	砂浆稠度试验方法	5					
	仪器设备	10					
	试验步骤	30					
	数据处理	15					
	工作态度	10					
	工作质量	10					
	协调能力	5					
	职业素质	5					
	安全意识	5					
	创新意识	5					
	合计	100					

（3）教师对学生工作过程与结果进行评价，并将结果填入表 4-4 中。

表 4-4　教师综合评价表

班级			姓名		学号	
学习任务		砂浆稠度试验				
评价项目		评价标准			分值	得分
砂浆稠度试验方法		能正确检测砂浆稠度性能			5	
仪器设备		正确使用仪器设备，熟悉其性能			10	
试验步骤		试验步骤符合规范要求			30	
数据处理		正确处理试验数据，评定结果			15	
工作态度		态度端正，无无故缺勤、迟到、早退现象			10	
工作质量		能按计划完成任务			10	
协调能力		与小组成员之间能合作交流、协调工作			5	
职业素质		能做到保护环境，爱护公共设施			5	
安全意识		做好安全防护，检查仪器设备，安全使用材料			5	
创新意识		通过阅读规范，能更好地完成砂浆稠度试验			5	
合计					100	
综合评价	自评(20%)		小组互评(30%)	教师评价(50%)	综合得分	

任务小结

任务二 砂浆分层度试验

任务引入

根据任务一要求,已学习砂浆性能中的稠度试验,本任务学习砂浆分层度试验。

任务目的

根据《建筑砂浆基本性能试验方法标准》(JGJ/T 70—2009)对砂浆性能进行检测,保证砂浆的质量。

本任务检测砂浆的分层度试验,测定砂浆拌合物在运输及停放时的保水能力及砂浆内部各组分之间的相对稳定性,以评定其和易性。

任务分组

班级		组号		指导教师			
组长		学号					
组员	姓名	学号	姓名	学号	姓名	学号	
任务分工							

获取信息

引导问题:什么是砂浆分层度?

_____
_____
_____
_____
_____
_____
_____

相关知识

砂浆分层度是水泥砂浆的保水性指标,水泥砂浆装入分层度桶前,测定砂浆的稠度,将静止一定时间并去掉分层度桶上面2/3的砂浆,再做一次稠度,两次的稠度差即分层度,太大太小都不好,太大保水性不良,太小砂浆容易断裂。

实施步骤

一、试验方法

根据《建筑砂浆基本性能试验方法标准》(JGJ/T 70—2009)规定的试验方法。

二、主要仪器设备

(1)铲子。
(2)磅秤。
(3)天平。
(4)拌合钢板、抹刀等。
(5)砂浆分层度测定仪(图4-1)。

仪器设备

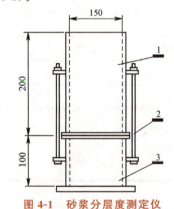

图4-1 砂浆分层度测定仪
1—无底圆筒;2—连接螺栓;3—有底圆筒

(6)砂浆稠度测定仪。
(7)水泥胶砂振实台。
(8)秒表、木槌等。

三、试验步骤

首先,拌制砂浆所用的材料,应符合质量要求,当砂浆用于砌砖时,应筛去大于2.5 mm的颗粒。按所选建筑砂浆配合比备料,称量要准确。本试验按水泥试样、ISO标准砂和水,以质量计的配合比为1:3:0.5,本试验用水泥3.6 kg,砂子10.8 kg,水1.8 kg。

将拌合钢板与拌铲等用湿布润湿后,将称量好的砂子平摊在拌合钢板上,再倒入水泥,用拌铲自拌合钢板一端翻拌至另一端,如此反复,直至翻拌均匀。

其次，将翻拌均匀的混合料集中呈锥形，在堆上做一凹槽，将称量好的水倒一部分到凹槽里，然后与水泥及砂一起拌和，逐次加水，仔细拌和均匀。

最后，拌和时间一般需 5 min，和易性满足要求即可。分层度试验一般采用标准法，也可采用快速法，但如有争议，则以标准法为准。

(1)标准法。

①首先将砂浆拌合物按稠度试验方法测定稠度 K_1。

②将砂浆拌合物一次装入分层度筒内，待装满后，用木槌在容器周围距离大致相等的四个不同地方轻轻敲击 1~2 下，如砂浆沉落到低于筒口，则应随时添加，然后刮去多余的砂浆并用馒刀抹平表面。

③静置 30 min 后，去掉上层 200 mm 砂浆，剩余的 100 mm 砂浆倒出放在拌合锅内搅拌 2 min，再按稠度试验方法测定其稠度 K_2。

(2)快速法。

①按稠度检测方法测定稠度 K_1。

②将分层度筒预先固定在振动台上，砂浆一次装入分层度筒内，振动 20 s。

③去掉上节 200 mm 砂浆，剩余 100 mm 砂浆倒出放在拌合锅内搅拌 2 min，再按稠度检测方法测定其稠度 K_2。

四、试验结果评定

(1)前后测得的稠度之差即该砂浆的分层度值(cm)，即 $\Delta = K_1 - K_2$。

(2)取两次试验结果的算术平均值作为该砂浆的分层度值。

(3)两次分层度试验值之差如果大于 10 mm，应重新取样测定。

注意

砂浆的分层度宜为 10~30 mm，如大于 30 mm 易产生分层、离析和泌水等现象；如小于 10 mm 则砂浆过干，不宜铺设且容易产生干缩裂缝。

五、试验记录表

将试验数据记入表 4-5 中。

表 4-5 砂浆分层度试验数据记录表

试验名称：_____ 试验日期：___年___月___日
气　温：_____　　　湿　度：_____

编号	拌和___L砂浆所用各材料用量(kg)			静置前稠度值 l_1/cm	静置 30 min 后稠度值 l_2/cm	分层度值 l/cm	分层度平均值 $\bar{l}$/cm
	水泥 m_1	砂子 m_2	水 m_3				
1							
2							

结果评定：
根据分层度判别此砂浆保水性为_____。

任务评价

(1)学生进行自我评价，并将结果填入表 4-6 中。

表 4-6　学生自评表

班级		姓名		学号	
学习任务		砂浆分层度试验			
评价项目	评价标准			分值	得分
砂浆分层度试验方法	能正确检测砂浆分层度性能			5	
仪器设备	正确使用仪器设备，熟悉其性能			10	
试验步骤	试验步骤符合规范要求			30	
数据处理	正确处理试验数据，评定结果			15	
工作态度	态度端正，无无故缺勤、迟到、早退现象			10	
工作质量	能按计划完成任务			10	
协调能力	与小组成员之间能合作交流、协调工作			5	
职业素质	能做到保护环境，爱护公共设施			5	
安全意识	做好安全防护，检查仪器设备，安全使用材料			5	
创新意识	通过阅读规范，能更好地完成砂浆分层度试验			5	
合计				100	

(2)学生以小组为单位进行互评，并将结果填入表 4-7 中。

表 4-7　学生互评表

班级		小组				
学习任务		砂浆分层度试验				
评价项目	分值	评价对象得分				
砂浆分层度试验方法	5					
仪器设备	10					
试验步骤	30					
数据处理	15					
工作态度	10					
工作质量	10					
协调能力	5					
职业素质	5					
安全意识	5					
创新意识	5					
合计	100					

(3)教师对学生工作过程与结果进行评价,并将结果填入表 4-8 中。

表 4-8　教师综合评价表

班级		姓名		学号	
学习任务		砂浆分层度试验			
评价项目		评价标准		分值	得分
砂浆分层度试验方法		能正确检测砂浆分层度性能		5	
仪器设备		正确使用仪器设备,熟悉其性能		10	
试验步骤		试验步骤符合规范要求		30	
数据处理		正确处理试验数据,评定结果		15	
工作态度		态度端正,无无故缺勤、迟到、早退现象		10	
工作质量		能按计划完成任务		10	
协调能力		与小组成员之间能合作交流、协调工作		5	
职业素质		能做到保护环境,爱护公共设施		5	
安全意识		做好安全防护,检查仪器设备,安全使用材料		5	
创新意识		通过阅读规范,能更好地完成砂浆分层度试验		5	
		合计		100	
综合评价	自评(20%)		小组互评(30%)	教师评价(50%)	综合得分

任务小结

任务三　砂浆抗压强度试验

任务引入

根据任务一、任务二要求,已学习砂浆性能中的稠度试验、分层度试验,本任务学习砂浆抗压强度试验。

任务目的

测定建筑砂浆立方体的抗压强度,以便确定砂浆的强度等级并可判断是否达到设计要求。掌握《建筑砂浆基本性能试验方法标准》(JGJ/T 70—2009),正确使用仪器设备。

任务分组

班级		组号		指导教师		
组长		学号				
组员	姓名	学号	姓名	学号	姓名	学号
任务分工						

获取信息

引导问题:什么是砂浆抗压强度?

_____
_____
_____
_____
_____
_____

相关知识

砂浆的抗压强度,是指试件在受力条件下承受的压力,单位为 MPa。砂浆的抗压强度与水泥用量、砂用量等材料用量有关。砂浆的抗压强度越高,表示砂浆的强度等级越高。

实施步骤

一、试验方法

通过测定砂浆试件的抗压强度,检测砂浆的质量,确定、校核配合比是否满足要求,并确定砂浆的强度等级。建筑砂浆立方体抗压强度试验应符合《建筑砂浆基本性能试验方法标准》(JGJ/T 70—2009)中的相关规定。

二、主要仪器设备

(1)砂浆搅拌机。
(2)磅秤。
(3)天平。
(4)压力试验机。精度应为 1%,试件破坏荷载应不小于压力机量程的 20%,且不应大于全量程的 80%。
(5)试模。规格为 70.7 mm×70.7 mm×70.7 mm 的带底试模。
(6)振动台。空载中台面的垂直振幅应为(0.5±0.05)mm,空载频率应为(50±3)Hz,空载台面振幅均匀度不应大于 10%,一次试验应至少能固定 3 个试模。
(7)捣棒、垫板、拌合钢板、抹刀等。

仪器设备

三、试验步骤

1. 试件制备

(1)试块数量。立方体抗压强度试验中,每组试块数量为 3 块。
(2)试模的准备工作。应采用黄油等密封材料涂抹试模的外接缝,试模内应涂刷薄层机油或隔离剂,应将拌制好的砂浆一次性装满砂浆试模。
(3)成型方法根据稠度确定。当稠度大于 50 mm 时,宜采用人工插捣成型;当稠度小于等于 50 mm 时,宜采用振动台振实成型,这是由于当稠度小于 50 mm 时人工插捣较难密实且人工插捣易留下插孔影响强度结果。成型方式的选择以充分密实、避免离析为原则。
①人工插捣。人工插捣应采用捣棒均匀地由边缘向中心按螺旋方式插捣 25 次,在插捣过程中,当砂浆沉落低于试模口时,应随时添加砂浆,可用油灰刀插捣数次,并用手将试模一边抬高 5~10 mm 各振动 5 次,砂浆应高出试模顶面 6~8 mm。
②机械振动。将砂浆一次装满试模,放置到振动台上,振动时试模不得跳动,振动 5~10 s 或持续到表面泛浆为止,不得过振。
(4)待表面水分稍干后,再将高出试模部分的砂浆沿试模顶面刮去并抹平。采用钢底膜后因底膜材料不吸水,表面出现麻斑状态的时间会较长,为避免砂浆沉缩、试件表面高于

试模，一定要在出现麻斑状态时将高出试模部分的砂浆沿试模顶面刮去并抹平。

2. 试样养护

（1）试件制作完成后应在(20±5)℃的环境中停置一昼夜[(24±2)h]，当气温较低时，可以适当延长时间，但不应超过两昼夜，然后进行编号拆模（要小心拆模，不要损坏试块边角）。

（2）试块拆模后，应在标准养护条件或自然养护条件下持续养护至28日，然后进行试压。

①标准养护。水泥混合砂浆应在温度为(20±3)℃，相对湿度为60%~80%的条件下养护；水泥砂浆或微沫砂浆应在温度为(20±3)℃，相对湿度为90%以上的潮湿条件下养护。

②自然养护。水泥混合砂浆应在正温度，相对湿度为60%~80%的条件下（如养护箱中或不通风的室内）养护；水泥砂浆和微沫砂浆应在正温度并保持试块表面湿润的状态下（如湿砂堆中）养护。养护期间必须做好温度记录。

3. 砂浆立方体抗压强度试验

（1）试件从养护地点取出后，应尽快进行试验，以免试件内部的温度发生显著变化。试验前先将试件擦拭干净，测量尺寸，并检查其外观。试件尺寸测量精确至1 mm，并据此计算试件的承压面积。如实测尺寸与公称尺寸之差不超过1 mm，可按公称尺寸进行计算。

（2）将试件安放在试验机的下压板或下垫板上，试件的承压面应与成型时的顶面垂直，试件中心应与试验机下压板或下垫板中心对准。开动试验机，当上压板与试件或上垫板接近时，调整球座，使接触面均衡受压。承压试验应连续而均匀地加荷，加荷速度应为0.25~1.5 kN/s，砂浆强度不大于2.5 MPa时，宜取下限。当试件接近破坏而开始迅速变形时，停止调整试验机油门，直至试件破坏，然后记录破坏荷载。

■ 四、试验结果评定

砂浆立方体抗压强度应按下式计算（精确至0.1 MPa）：

$$f_{m,cu} = \frac{P}{A}$$

式中 $f_{m,cu}$——砂浆立方体试件的抗压强度值(MPa)；

P——试件破坏荷载(N)；

A——试件承压面积(mm^2)。

注意

（1）以3个试件测定值的算术平均值的1.35倍作为该组试件的抗压强度值，平均值计算精确至0.1 MPa。

（2）当三个测值的最大值或最小值中有一个与中间值的差值超过中间值的15%时，应把最大值及最小值一并舍去，取中间值作为该组试件的抗压强度值。

（3）当两个测值与中间值的差值均超过中间值的15%时，该组试验结果应为无效。

五、试验记录表

将试验数据记入表 4-9 中。

表 4-9 砂浆抗压强度试验数据记录表

试验名称：_____　　　　　　　试验日期：_____ 年 ___ 月 ___ 日
气　　温：_____　　　　　　　湿　度：_____
砂浆质量配合比为水泥∶砂子∶水 = _____

编号	试件边长/mm		受压面积 A/mm^2	破坏荷载 P/kN	抗压强度 f/MPa	抗压强度平均值 $\overline{f}/\text{MPa}$	试件抗压强度值 $1.35\overline{f}/\text{MPa}$
	a	b					
1							
2							
3							

试件成型日期：_____ 年 ___ 月 ___ 日 ___ 时
结果评定：根据国家标准，该批砂浆强度等级为_____。

任务评价

(1)学生进行自我评价，并将结果填入表 4-10 中。

表 4-10　学生自评表

班级		姓名		学号	
学习任务		砂浆抗压强度试验			
评价项目		评价标准		分值	得分
砂浆抗压强度试验方法		能正确检测砂浆抗压强度性能		5	
仪器设备		正确使用仪器设备，熟悉其性能		10	
试验步骤		试验步骤符合规范要求		30	
数据处理		正确处理试验数据，评定结果		15	
工作态度		态度端正，无无故缺勤、迟到、早退现象		10	
工作质量		能按计划完成任务		10	
协调能力		与小组成员之间能合作交流、协调工作		5	
职业素质		能做到保护环境，爱护公共设施		5	
安全意识		做好安全防护，检查仪器设备，安全使用材料		5	
创新意识		通过阅读规范，能更好地完成砂浆抗压强度试验		5	
		合计		100	

(2)学生以小组为单位进行互评,并将结果填入表 4-11 中。

表 4-11　学生互评表

班级							
	学习任务	砂浆抗压强度试验					
	评价项目	分值	评价对象得分				
	砂浆抗压强度试验方法	5					
	仪器设备	10					
	试验步骤	30					
	数据处理	15					
	工作态度	10					
	工作质量	10					
	协调能力	5					
	职业素质	5					
	安全意识	5					
	创新意识	5					
	合计	100					

(3)教师对学生工作过程与结果进行评价,并将结果填入表 4-12 中。

表 4-12　教师综合评价表

班级		姓名		学号	
	学习任务	砂浆抗压强度试验			
	评价项目	评价标准		分值	得分
	砂浆抗压强度试验方法	能正确检测砂浆抗压强度性能		5	
	仪器设备	正确使用仪器设备,熟悉其性能		10	
	试验步骤	试验步骤符合规范要求		30	
	数据处理	正确处理试验数据,评定结果		15	
	工作态度	态度端正,无无故缺勤、迟到、早退现象		10	
	工作质量	能按计划完成任务		10	
	协调能力	与小组成员之间能合作交流、协调工作		5	
	职业素质	能做到保护环境,爱护公共设施		5	
	安全意识	做好安全防护,检查仪器设备,安全使用材料		5	
	创新意识	通过阅读规范,能更好地完成砂浆抗压强度试验		5	
		合计		100	
综合评价	自评(20%)	小组互评(30%)	教师评价(50%)	综合得分	

任务小结

项目检测与拓展

思考题

1. 建筑砂浆的性能有哪些？
2. 砂浆稠度的试验方法是如何规定的？
3. 砂浆的和易性内容与混凝土拌合物和易性内容有何不同？
4. 建筑砂浆成型方法是根据什么确定的？是如何确定的？
5. 建筑砂浆的抗压强度是如何规定的？

思考题答案

拓展知识

赵州桥——中国古代建筑的瑰宝

在古代，赵州是南北交通的要道，交通十分繁忙，却被一条河阻断了畅通，当遇上洪水的时候甚至不能通行，于是，朝廷决定在此处修建一座大桥。

595年，工匠李春受命建桥，605年建成了赵州桥。大桥落成以后，往来货运都可以在桥上通过，桥下还可以行航泛舟。

据资料统计，自建成至今，赵州桥经历了8次以上的地震考验，承受了无数人畜车马的倾轧，饱经了无数风霜雨雪和洪水的冲蚀，迄今为止仍然屹立在洨河之上。不仅如此，它的建筑更让人惊叹称奇，采取了单孔长跨度的方式在桥心中没有设桥墩，石桥的跨径长达37米多，这开创了我国长跨度单孔桥的先河。

赵州桥的建筑材料以石灰岩为主，通过精湛的雕刻技术和独特的结构设计，使这座桥历经千年仍能屹立不倒。在古代，具有交通、水利和艺术等多重作用，不仅方便百姓出行，也为军事行动提供重要保障。同时，它还具有泄洪和调节水流的作用。

赵州桥作为中国最古老的石拱桥之一，具有重要的历史和文化价值，它是中国古代劳动人民智慧和勤劳的结晶，见证了中国古代建筑技术的卓越成就。

项目五　钢筋检测

项目导入

建筑钢材是指用于工程建设的各种钢材,包括钢结构用的各种型钢(圆钢、角钢、槽钢和工字钢);钢筋混凝土用的各种钢筋、钢丝和钢绞线等。除此之外,还包括用作门窗和建筑五金的钢材。

建筑钢材强度高、品质均匀,具有一定的弹性和塑性变形能力,能承受冲击振动荷载,还具有很好的加工性能,可以铸造、锻压、焊接、铆接和切割,装配施工方便。

建筑钢材广泛用于大跨度结构、多层及高层建筑、受动力荷载结构和重型工业厂房结构,广泛用于钢筋混凝土之中,因此,建筑钢材是最重要的建筑结构材料之一,其缺点是容易生锈,维护费用大,耐火性差。

在工程中,掌握钢材的性能是合理选用钢材的基础。

任务一　钢筋拉伸试验

任务引入

某建筑工地进了一批钢筋，由于工期比较紧，直接投入使用，后来将未使用的钢筋取样到实验室进行拉伸和冷弯性能检测，发现其强度合格，塑性不好，冷弯有裂纹，现要求工地重新检测钢筋性能，今天到检测单位参加企业实践，请大家根据所学知识进行钢筋性能检测。

任务目的

测定低碳钢的屈服强度、抗拉强度与延伸率。注意观察拉力与变形之间的变化。确定应力与应变之间的关系曲线，评定钢筋的强度等级。

任务分组

班级		组号		指导教师		
组长		学号				
组员	姓名	学号	姓名	学号	姓名	学号
任务分工						

获取信息

引导问题：低碳钢的受拉过程分为哪几个阶段？每个阶段的图形特点、试件特点分别是什么状态？

_____

_____

相关知识

建筑钢材的抗拉性能可用低碳钢受拉时的应力—应变图（图5-1）来阐明。低碳钢从受拉至拉断，分为以下四个阶段。

1. 弹性阶段

OA 为弹性阶段。在 OA 范围内，随着荷载的增加，应变随应力成正比增加。如卸去荷载，试件将恢复原状，表现为弹性变形，与 A 点相对应的应力为弹性极限，用 σ_p 表示。在这一范围内，应力与应变的比值为一常量，称为弹性模量，用 E 表示，即 $E=\sigma/\varepsilon$。弹性模量反映钢材的刚度，是钢材在受力条件下计算结构变形的重要指标。常用低碳钢的弹性模量 $E=(2.0\sim2.1)\times10^5$ MPa，弹性极限 $\sigma_p=180\sim200$ MPa。

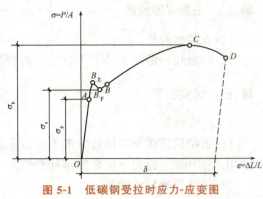

图 5-1　低碳钢受拉时应力-应变图

2. 屈服阶段

AB 为屈服阶段。在 AB 曲线范围内，应力与应变不成比例，开始产生塑性变形，应变增加的速度大于应力增长速度，钢材抵抗外力的能力发生"屈服"了。图中 $B_上$ 点是这一阶段应力最高点，称为屈服上限，$B_下$ 点为屈服下限。因 $B_下$ 比较稳定易测，故一般以 $B_下$ 点对应的应力作为屈服点，用 σ_s 表示。常用低碳钢的 σ_s 为 195～300 MPa。

该阶段在材料万能试验机上表现为指针不动（即使加大送油）或来回窄幅摇动。钢材受力达屈服点后，变形即迅速发展，尽管尚未破坏，但已不能满足使用要求。故设计中一般以屈服点作为强度取值依据。

3. 强化阶段

BC 为强化阶段。过 B 点后，抵抗塑性变形的能力又重新提高，变形发展速度比较快，随着应力的提高而增强。对应于最高点 C 的应力，称为抗拉强度，用 σ_b 表示。常用低碳钢的 σ_b 为 385～520 MPa。

抗拉强度不能直接利用，但屈服点与抗拉强度的比值（屈强比 σ_s/σ_b），能反映钢材的安全可靠程度和利用率。屈强比越小，表明材料的安全性和可靠性越高，结构越安全。但屈强比过小，则钢材有效利用率太低，造成浪费。常用碳素钢的屈强比为 0.58～0.63，合金钢为 0.65～0.75。

4. 颈缩阶段

CD 为颈缩阶段。过 C 点后，材料变形迅速增大，而应力反而下降。试件在拉断前，于薄弱处截面显著缩小，产生"颈缩现象"，直至断裂。

实施步骤

一、试验方法

将标准试件放在拉力机上，逐渐施加拉力荷载，观察试件在荷载作用下所产生的弹性和塑性变形，直至试件被拉断为止，并记录拉力值。

根据《金属材料 拉伸试验 第 1 部分：室温试验方法》(GB/T 228.1—2021) 的规定进行试验。

《金属材料 拉伸试验
第 1 部分：室温试验方法》
(GB/T 228.1—2021)

二、主要仪器设备

(1)万能试验机。
(2)钢板尺、游标卡尺、千分尺、两脚爪规等。

仪器设备

三、试验步骤

1. 试件制备

(1)抗拉试验用钢筋试件一般不经过车削加工,可以用两个或一系列等分小冲点或细画线标出原始标距(标记不应影响试样断裂)。

(2)试件原始尺寸的测定。

①测量标距长度 L_0,精确到 0.1 mm。

②圆形试件横断面直径应在标距的两端及中间处两个相互垂直的方向上各测一次,取其算术平均值,选用三处测得的横截面面积中最小值。横截面面积按下式计算:

$$A_0 = \frac{1}{4}\pi d_0^2$$

式中 A_0——试件的横截面积(mm^2);

d_0——圆形试件原始横断面面直径(mm)。

2. 屈服强度与抗拉强度的测定

(1)调整试验机测力度盘的指针,使对准零点,并拨动副指针,使与主指针重叠。

(2)将试件固定在试验机夹头内,开动试验机进行拉伸。拉伸速度如下:

①屈服前,应力增加速度每秒钟为 10 MPa;

②屈服后,试验机活动夹头在荷载下的移动速度为不大于 $0.5L_c/\min$(不经车削试件 $L_c = L_0 + 2h_1$)。L_c 为试件在机床上下夹头间距,h_1 为标距一端距夹头的距离。

(3)拉伸中,测力度盘的指针停止转动时的恒定荷载,或不计初始瞬时效应时的最小荷载,即所求的屈服点荷载 P_s。

(4)向试件连续施荷直至拉断由测力度盘读出最大荷载,即所求的抗拉极限荷载 P_b。

3. 伸长率的测定

(1)将已拉断试件的两端在断裂处对齐,尽量使其轴线位于一条直线上。如拉断处由于各种原因形成缝隙,则此缝隙应计入试件拉断后的标距部分长度内。

(2)如拉断处到临近标距端点的距离大于 1/3 初始标距 L_0 时,可用卡尺直接量出已被拉长的标距长度 L_1(mm)。

(3)如拉断处到临近标距端点的距离小于或等于 $1/3L_0$ 时,可按移位法计算标距 L_1(mm)。

(4)如试件在标距端点上或标距处断裂,则试验结果无效,应重新试验。

四、试验结果计算

1. 屈服强度

屈服强度按下式计算:

$$\sigma_s = \frac{P_s}{A_0}$$

式中 σ_s——屈服强度（MPa）；
　　P_s——屈服时的荷载（N）；
　　A_0——试件原横截面面积（mm²）。

2. 抗拉强度

抗拉强度按下式计算：

$$\sigma_b = \frac{P_b}{A_0}$$

式中 σ_b——屈服强度（MPa）；
　　P_b——最大荷载（N）；
　　A_0——试件原横截面面积（mm²）。

3. 伸长率

伸长率按下式计算（精确至1%）：

$$\delta_{10}(\delta_5) = \frac{L_1 - L_0}{L_0} \times 100\%$$

式中 $\delta_{10}(\delta_5)$——分别表示 $L_0=10d_0$ 和 $L_0=5d_0$ 时的伸长率；
　　L_0——原始标距长度 $10d_0$（或 $5d_0$）(mm)；
　　L_1——试件拉断后量出或按移位法确定的标距部分长度（mm）。

> **提示**
> 当试验结果有一项不合格时，应另取双倍数量的试样重做试验，如仍有不合格项目，则该批钢材判为拉伸性能不合格。

五、试验记录表

将试验数据记入表5-1中。

表5-1　钢材拉伸试验数据记录表

试验名称：_____　　　试验日期：____年__月__日
气　温：_____　　　湿　度：_____

	公称直径 /mm	截面面积 /mm²	屈服荷载 /N	极限荷载 /N	屈服点/MPa		抗拉强度/MPa	
屈服点和抗拉强度测定					测定值	平均值	测定值	平均值

	公称直径 /mm	原始标距 /mm	拉断后标距长度/mm	拉伸长度 /mm	伸长率	
伸长率测定					测定值	平均值
钢筋抗拉性能结论						

任务评价

(1)学生进行自我评价，并将结果填入表 5-2 中。

表 5-2　学生自评表

班级		姓名		学号	
学习任务		钢筋拉伸试验			
评价项目	评价标准			分值	得分
钢筋拉伸试验方法	能正确检测钢筋拉伸性能			5	
仪器设备	正确使用仪器设备，熟悉其性能			10	
试验步骤	试验步骤符合规范要求			30	
数据处理	正确处理试验数据，评定结果			15	
工作态度	态度端正，无无故缺勤、迟到、早退现象			10	
工作质量	能按计划完成任务			10	
协调能力	与小组成员之间能合作交流、协调工作			5	
职业素质	能做到保护环境，爱护公共设施			5	
安全意识	做好安全防护，检查仪器设备，安全使用材料			5	
创新意识	通过阅读规范，能更好地完成钢筋拉伸试验			5	
	合计			100	

(2)学生以小组为单位进行互评，并将结果填入表 5-3 中。

表 5-3　学生互评表

班级			小组				
学习任务		钢筋拉伸试验					
评价项目	分值	评价对象得分					
钢筋拉伸试验方法	5						
仪器设备	10						
试验步骤	30						
数据处理	15						
工作态度	10						
工作质量	10						
协调能力	5						
职业素质	5						
安全意识	5						
创新意识	5						
合计	100						

(3)教师对学生工作过程与结果进行评价,并将结果填入表 5-4 中。

表 5-4　教师综合评价表

班级			姓名		学号	
学习任务		钢筋拉伸试验				
评价项目		评价标准			分值	得分
钢筋拉伸试验方法		能正确检测钢筋拉伸性能			5	
仪器设备		正确使用仪器设备,熟悉其性能			10	
试验步骤		试验步骤符合规范要求			30	
数据处理		正确处理试验数据,评定结果			15	
工作态度		态度端正,无无故缺勤、迟到、早退现象			10	
工作质量		能按计划完成任务			10	
协调能力		与小组成员之间能合作交流、协调工作			5	
职业素质		能做到保护环境,爱护公共设施			5	
安全意识		做好安全防护,检查仪器设备,安全使用材料			5	
创新意识		通过阅读规范,能更好地完成钢筋拉伸试验			5	
合计					100	
综合评价	自评(20%)		小组互评(30%)	教师评价(50%)	综合得分	

任务小结

任务二　钢筋冷弯试验

任务引入

某建筑工地进入一批钢筋，基本情况同任务一，本任务请继续完成钢筋冷弯试验检测。

任务目的

测定钢筋在冷加工时承受规定弯曲程度的弯曲变形能力，显示其缺陷，评定钢筋质量是否合格。

任务分组

班级		组号		指导教师		
组长		学号				
组员	姓名	学号	姓名	学号	姓名	学号
任务分工						

获取信息

引导问题：什么是钢材的冷弯性能？衡量指标是什么？

_____

_____

_____

_____

_____

_____

_____

相关知识

冷弯性能是指钢材在常温下承受弯曲变形的能力,以试件弯曲的角度和弯心直径对试件厚度(或直径)的比值来表示。弯曲的角度越大,弯心直径对试件厚度(或直径)的比值越小,表示对冷弯性能的要求越高。冷弯检验是按规定的弯曲角度和弯心直径进行弯曲后,检查试件弯曲处外面及侧面不发生裂缝、断裂或起层,即认为冷弯性能合格。

实施步骤

一、试验方法

通过冷弯试验,可判定钢材承受弯曲至规定角度及形状的能力,还可以了解钢材在各种加工工艺条件下的缺陷,以作为评定钢筋质量的技术依据。通常将冷弯至规定角度和形状时,弯曲处无裂纹、起皮、裂缝或断裂处的试件评定为合格试件。

钢筋的弯曲试验根据《金属材料 拉伸试验 第1部分:室温试验方法》(GB/T 228.1—2021)的规定进行。

二、主要仪器设备

(1)万能试验机。

(2)弯心。具有不同直径的弯心多组,其宽度应大于试件的直径和宽度。

(3)支撑辊。具有足够硬度,相互间的距离可以调节,其长度应大于试件的直径和宽度。

仪器设备

三、试验步骤

(1)试样制备。钢筋冷弯实件长度通常为 $L=0.5(d+a)+140$ mm(L 为试样长度,单位为 mm;d 为弯心直径,单位为 mm;a 为试样原始直径,单位为 mm),试件的直径不大于 50 mm。试件可由试样两端截取,切割线与试样实际边距离不小于 10 mm。试样中间 1/3 范围之内不准有凿、冲等工具所造成的伤痕或压痕。试件可在常温下用锯、车的方法截取,试样不得进行车削加工。如必须采用有弯曲的试件时,应用均匀压力使其压平。

(2)试验前测量试件尺寸是否合格;根据钢筋的级别,确定弯心直径、弯曲角度,调整两支辊之间的距离。两支辊间的距离为

$$l=(d+3a)\pm 0.5a$$

式中 d——弯心直径(mm);

a——钢筋公称直径(mm)。

提示

距离 l 在试验期间应保持不变。

(3)试样按照规定的弯心直径和弯曲角度进行弯曲,试验过程中应平稳地对试件施加压力。在作用力下的弯曲程度可分为三种类型(图 5-2),测试时应按有关标准中的规定分别选用。

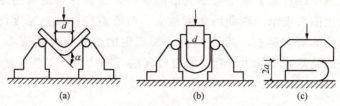

图 5-2 钢材冷弯试验的几种弯曲程度

(4)重合弯曲时,应先将试样弯曲到图 5-2(b)所示的形状(建议弯心直径 $d=a$)。然后在两平行面间继续以平稳的压力弯曲到两面重合。两压板平行面的长度或直径,应不小于试样重叠后的长度。

注意

冷弯试验的试验温度必须符合有关标准规定。整个测试过程应在 10~35 ℃或控制条件 (23 ± 5) ℃下进行。

四、试验结果评定

按有关标准规定检查试件弯曲外表面,若无裂纹、裂缝或裂断,则评定试件冷弯试验合格。若钢筋在冷弯试验中,有一根试件不符合标准要求,同样抽取双倍钢筋进行复验,若仍有一根试件不符合要求,则判定冷弯试验项目为不合格。

提示

若无裂纹、裂缝或裂断,则评定试件合格。

(1)完好:试件弯曲处的外表面金属基本上无肉眼可见的因弯曲变形产生的缺陷时,称为完好。

(2)微裂纹:试件弯曲外表面金属基本上出现细小裂纹,其长度不大于 2 mm,宽度不大于 0.2 mm 时,称为微裂纹。

(3)裂纹:试件弯曲外表面金属基本上出现裂纹,其长度大于 2 mm,而小于或等于 5 mm,宽度大于 0.2 mm,而小于或等于 0.5 mm 时,称为裂纹。

(4)裂缝:试件弯曲外表面金属基本上出现明显开裂,其长度大于 5 mm。

(5)裂断:试件弯曲外表面出现沿宽度贯穿的开裂,其深度超过试件厚度的 1/3 时,称为裂断。

注:在微裂纹、裂纹、裂缝中规定的长度和宽度,只要有一项达到某规定范围,即应按该级评定。

五、试验记录表

将试验数据记入表 5-5 中。

表 5-5　钢材冷弯试验数据记录表

试验名称：_____　　　　　　试验日期：_____年___月___日
气　　温：_____　　　　　　湿　　度：_____

试件编号	压头直径/mm	弯曲角度/℃	人工时效温度/℃	人工时效时间/℃	反弯角度/°	检验结果
试件 1						
试件 2						

任务评价

（1）学生进行自我评价，并将结果填入表 5-6 中。

表 5-6　学生自评表

班级		姓名		学号	
学习任务	钢筋冷弯试验				
评价项目	评价标准			分值	得分
钢筋冷弯试验方法	能正确检测钢筋冷弯性能			5	
仪器设备	正确使用仪器设备，熟悉其性能			10	
试验步骤	试验步骤符合规范要求			30	
数据处理	正确处理试验数据，评定结果			15	
工作态度	态度端正，无无故缺勤、迟到、早退现象			10	
工作质量	能按计划完成任务			10	
协调能力	与小组成员之间能合作交流、协调工作			5	
职业素质	能做到保护环境，爱护公共设施			5	
安全意识	做好安全防护，检查仪器设备，安全使用材料			5	
创新意识	通过阅读规范，能更好地完成钢筋冷弯试验			5	
合计				100	

(2) 学生以小组为单位进行互评，并将结果填入表 5-7 中。

表 5-7　学生互评表

班级			小组			
学习任务		钢筋冷弯试验				
评价项目		分值	评价对象得分			
钢筋冷弯试验方法		5				
仪器设备		10				
试验步骤		30				
数据处理		15				
工作态度		10				
工作质量		10				
协调能力		5				
职业素质		5				
安全意识		5				
创新意识		5				
合计		100				

(3) 教师对学生工作过程与结果进行评价，并将结果填入表 5-8 中。

表 5-8　教师综合评价表

班级		姓名		学号	
学习任务		钢筋冷弯试验			
评价项目		评价标准		分值	得分
钢筋冷弯试验方法		能正确检测钢筋冷弯性能		5	
仪器设备		正确使用仪器设备，熟悉其性能		10	
试验步骤		试验步骤符合规范要求		30	
数据处理		正确处理试验数据，评定结果		15	
工作态度		态度端正，无无故缺勤、迟到、早退现象		10	
工作质量		能按计划完成任务		10	
协调能力		与小组成员之间能合作交流、协调工作		5	
职业素质		能做到保护环境，爱护公共设施		5	
安全意识		做好安全防护，检查仪器设备，安全使用材料		5	
创新意识		通过阅读规范，能更好地完成钢筋冷弯试验		5	
		合计		100	
综合评价	自评(20%)	小组互评(30%)	教师评价(50%)	综合得分	

任务小结

项目检测与拓展

思考题

1. 简述屈服强度、伸长率试验的工程意义。
2. 钢材冷弯性能的试验在工程中有什么实际意义？
3. 低碳钢在拉伸试验中，从受拉到拉断共分为哪四个阶段？
4. 什么是屈强比？

思考题答案

拓展知识

港珠澳大桥

港珠澳大桥是连接香港、珠海、澳门的超级跨海通道，是我国具有国家战略意义的世界级跨海通道，采用了世界首创的"桥、隧、岛"一体化建造方案。港珠澳大桥的综合建设技术难度和水平都是世界级的，先后攻克了人工岛快速成岛、深埋沉管结构设计、隧道复合基础等10余项世界级技术难题。

港珠澳大桥位于大海中央的人工岛，没有市政管网，没有任何基础设施，外海又存在着"高温、高盐、高湿"的施工条件，因此，工程师们在设计港珠澳大桥时要充分考虑结构的重要性、荷载作用、工作环境等因素，充分考虑钢材的冲击韧性，合理选用钢材。

历时9年建设，全长55 km，集桥、岛、隧于一体的港珠澳大桥横空出世，展示的不仅是我国突飞猛进的基建力量，更展现出中华民族不甘沉寂的雄心和图景。

项目六 防水材料性能检测

项目导入

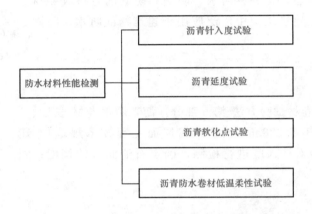

建筑物防水就是防止雨水及水蒸气渗透墙面墙体而设置的材料隔层,没做好防水不仅会影响生产生活,还会影响建筑物的合理使用年限,防水是为建筑结构打预防针,为建筑结构增加一道设防,要确保各项性能满足规范要求,才能使其达到建筑结构设计的使用年限。

任务一　沥青针入度试验

任务引入

沥青是由多种有机化合物构成的黑褐色复杂混合物，常温下呈液态、半固态或固态，是一种防水、防潮和防腐的有机胶凝材料，沥青及其制品在建筑工程中广泛应用于建筑物的防水、防潮及路面工程。

《建筑防水卷材试验方法
第6部分：沥青防水卷材
长度、宽度和平直度》
（GB/T 328.6—2007）

任务目的

根据《建筑防水卷材试验方法 第6部分：沥青防水卷材 长度、宽度和平直度》（GB/T 328.6—2007）、《屋面工程技术规范》（GB 50345—2012）等规范对针入度进行检测，确定石油沥青的稠度；划分沥青牌号。

《屋面工程技术规范》
（GB 50345—2012）

任务分组

班级		组号		指导教师	
组长		学号			
组员	姓名	学号	姓名	学号	姓名	学号
任务分工						

获取信息

引导问题：什么是针入度？

_____

_____

_____

_____

相关知识

针入度主要用来衡量润滑脂软硬程度,在规定温度 25 ℃ 下,以规定质量 100 g 的标准针,在规定时间 5 s 内贯入沥青试样中的深度(1/10 mm 为一度)表示。针入度越大,表示沥青越软,黏度越小。

实施步骤

一、主要仪器设备

(1)针入度仪。
(2)标准针。
(3)恒温水浴。
(4)试样皿。
(5)平底玻璃皿、温度计、秒表、石棉筛、可控制温度的砂浴或密闭电炉等。

仪器设备

二、试验步骤

1. 试样制备

(1)将预先除去水分的试样在砂浴或密闭电炉上加热,并不断搅拌(以防局部过热),加热到样品能够流动。加热温度不得超过试样估计软化点 100 ℃,加热时间不超过 30 min。

> **注意**
> 加热和搅拌过程中避免试样中进入气泡。

(2)将试样倒入预先选好的试样皿内,试样深度应大于预计穿入深度 10 mm。
(3)将试样皿在 15~30 ℃ 的空气中冷却 1~1.5 h(小试样皿)或 1.5~2 h(大试样皿),在冷却中应遮盖试样皿,以防止落入灰尘。然后将试样皿移入保持试验温度的恒温水浴中,水面应高于试样表面 10 mm 以上,恒温 1~1.5 h(小试样皿)或 1.5~2 h(大试样皿)。

2. 针入度试验步骤

(1)调整针入度的水平,检查针连杆和导轨,以确认无水和其他外来物,无明显摩擦。用合适的溶剂清洗标准针,用干棉花将其擦干,把标准针插入针连杆中固紧。
(2)将已恒温好的试样皿从水槽中取出,放入水温控制在试验温度 ±0.1 ℃ 的平底玻璃皿中的三脚架上,试样表面以上的水层深度应不少于 10 mm。
(3)将盛有试样的平底玻璃皿放在针入度的平台上。慢慢放下针连杆,使针尖刚好与试样表面接触,必要时用放置在合适位置的光源反射来观察。拉下刻度盘的拉杆,使与针连杆顶端轻轻接触,调节刻度盘的指针为零。
(4)用手紧压按钮,同时开动秒表,使标准针自由下落穿入沥青试样,到规定时间(5 s)停压按钮使标准针停止移动。

(5)拉下刻度盘拉杆与针连杆顶端接触,此时刻度盘指针的读数即试样的针入度,用 1/10 mm 表示。

(6)同一试样至少平行试验三次,各测点间及测定点与试样皿之间的距离不应小于 10 mm。每次试验后都应将放有试样皿的平底玻璃皿放入恒温水槽,使平底玻璃皿中的水温保持试验温度。每次试验都应采用干净针。

■ 三、试验结果处理

(1)当试验结果小于 50(0.1 mm)时,重复性试验的允许误差为 2(0.1 mm),再现性试验的允许误差为 4(0.1 mm)。

(2)当试验结果大于或等于 50(0.1 mm)时,重复性试验的允许误差为平均值的 4%,再现性试验的允许误差为平均值的 8%。

注意

以三次试验结果的平均值作为该沥青的针入度。

■ 四、试验记录表

将试验数据记入表 6-1 中。

表 6-1 沥青针入度试验数据记录表

试验名称:_____ 试验日期:____年____月____日
气　　温:_____ 湿　　度:_____

针入度/0.1 mm			
使用仪器		试件在室温中放置___h___min	
依据标准		试件在___℃水中放置___h___min	
试验温度___℃	荷载___g	针入度时间___s	
针入度/0.1 mm			
第一针	第二针	第三针	平均
备注			

任务评价

(1)学生进行自我评价，并将结果填入表 6-2 中。

表 6-2　学生自评表

班级		姓名		学号	
学习任务		沥青针入度试验			
评价项目	评价标准			分值	得分
沥青针入度试验方法	能正确检测沥青针入度			5	
仪器设备	正确使用仪器设备，熟悉其性能			10	
试验步骤	试验步骤符合规范要求			30	
数据处理	正确处理试验数据，评定结果			15	
工作态度	态度端正，无无故缺勤、迟到、早退现象			10	
工作质量	能按计划完成任务			10	
协调能力	与小组成员之间能合作交流、协调工作			5	
职业素质	能做到保护环境，爱护公共设施			5	
安全意识	做好安全防护，检查仪器设备，安全使用材料			5	
创新意识	通过阅读规范，能更好地完成沥青针入度试验			5	
	合计			100	

(2)学生以小组为单位进行互评，并将结果填入表 6-3 中。

表 6-3　学生互评表

班级		小组				
学习任务		沥青针入度试验				
评价项目	分值	评价对象得分				
沥青针入度试验方法	5					
仪器设备	10					
试验步骤	30					
数据处理	15					
工作态度	10					
工作质量	10					
协调能力	5					
职业素质	5					
安全意识	5					
创新意识	5					
合计	100					

（3）教师对学生工作过程与结果进行评价，并将结果填入表6-4中。

表 6-4 教师综合评价表

班级		姓名		学号	
学习任务		沥青针入度试验			
评价项目		评价标准		分值	得分
沥青针入度试验方法		能正确检测沥青针入度		5	
仪器设备		正确使用仪器设备，熟悉其性能		10	
试验步骤		试验步骤符合规范要求		30	
数据处理		正确处理试验数据，评定结果		15	
工作态度		态度端正，无无故缺勤、迟到、早退现象		10	
工作质量		能按计划完成任务		10	
协调能力		与小组成员之间能合作交流、协调工作		5	
职业素质		能做到保护环境，爱护公共设施		5	
安全意识		做好安全防护，检查仪器设备，安全使用材料		5	
创新意识		通过阅读规范，能更好地完成沥青针入度试验		5	
合计				100	
综合评价	自评(20%)		小组互评(30%)	教师评价(50%)	综合得分

任务小结

任务二　沥青延度试验

任务引入

沥青是由多种有机化合物构成的黑褐色复杂混合物，常温下呈液态、半固态或固态，是一种防水、防潮和防腐的有机胶凝材料，沥青及其制品在建筑工程中广泛应用于建筑物的防水、防潮及路面工程。

任务目的

根据《建筑防水卷材试验方法 第6部分：沥青防水卷材 长度、宽度和平直度》(GB/T 328.6—2007)、《屋面工程技术规范》(GB 50345—2012)等规范对沥青延度进行检测，通过测定沥青的延度，可以评定其塑性的好坏，可以评定其塑性并依延度值确定沥青的牌号。

任务分组

班级		组号		指导教师		
组长		学号				
组员	姓名	学号	姓名	学号	姓名	学号
任务分工						

获取信息

引导问题：什么是延度？

_____

_____

_____

_____

_____

相关知识

延度是表示沥青在一定温度下断裂前扩展或伸长能力的指标。延度的大小表示沥青的黏性、流动性、开裂后的自愈能力,以及受机械应力作用后变形而不破坏的能力。

实施步骤

一、主要仪器设备

(1)延度仪。
(2)试模。
(3)恒温水浴。
(4)温度计、金属筛网、隔离剂等。

仪器设备

二、试验步骤

1. 试样制备

(1)将隔离剂拌和均匀,涂于磨光的金属板及侧模的内表面,以防止沥青粘在试模上。

(2)用与检测针入度相同的方法准备沥青试样,待试样呈细流状,自试模的一端至另一端往返注入模中,并使试件略高于试模。

(3)试件在15~30 ℃的空气中冷却30~40 min,然后置于规定试验温度的恒温水浴中,保持30 min后取出,用热刀将高出试模的沥青刮走,使沥青面与模面齐平。沥青的刮法应自中间向两端,表面应刮得十分平滑。

(4)恒温:将金属板、试模和试件一起放入水浴中,并在试验温度(25±5)℃下保持1~1.5 h。

2. 沥青延度试验步骤

(1)检查延度仪拉伸速度是否满足要求[一般为(5±0.5)cm/min],然后移动滑板使其指针对准标尺的零点。将延度仪水槽注水,并保持水温达试验温度±0.5 ℃。

(2)将试件移至延度仪水槽中,然后从金属板上取下试件,将试模两端的孔分别套在滑板及槽端的金属柱上,水面距试件表面应不小于25 mm,然后去掉侧模。

(3)测得水槽中水温为试验温度±0.5 ℃时,开动延度仪(此时仪器不得有振动),观察沥青的拉伸情况。

注意

在测定时,如发现沥青细丝浮于水面或沉入槽底,应在水中加入乙醇或食盐调整水的密度至与试样的密度相近后,再重新试验。

(4)试件拉断时指针所指标尺上的读数,即试件的延度,以 cm 表示。在正常情况下,试件应拉伸呈锥尖状,在断裂时实际横断面为零。如不能得到上述结果,应在试验数据表中填写。

三、试验结果处理

取 3 个平行测定值的平均值作为测定结果。若 3 次测定值不在其平均值的 5% 以内，但其中两个较高值在平均值的 5% 以内，则可弃掉最低值，取两个较高值的平均值作为测定结果，否则重新测定。

四、试验记录表

将试验数据记入表 6-5 中。

表 6-5　沥青延度试验数据记录表

试验名称：_____				试验日期：_____年___月___日	
气　　温：_____				湿　　度：_____	
	延度/cm				
使用仪器			试件在室温中放置___h___min		
依据标准			试件在___℃水中放置___h___min		
1	2		3	平均	

任务评价

（1）学生进行自我评价，并将结果填入表 6-6 中。

表 6-6　学生自评表

班级		姓名		学号	
学习任务		沥青延度试验			
评价项目		评价标准		分值	得分
沥青延度试验方法		能正确检测沥青延度		5	
仪器设备		正确使用仪器设备，熟悉其性能		10	
试验步骤		试验步骤符合规范要求		30	
数据处理		正确处理试验数据，评定结果		15	
工作态度		态度端正，无无故缺勤、迟到、早退现象		10	
工作质量		能按计划完成任务		10	
协调能力		与小组成员之间能合作交流、协调工作		5	
职业素质		能做到保护环境，爱护公共设施		5	
安全意识		做好安全防护，检查仪器设备，安全使用材料		5	
创新意识		通过阅读规范，能更好地完成沥青延度试验		5	
合计				100	

(2)学生以小组为单位进行互评,并将结果填入表6-7中。

表6-7 学生互评表

班级			小组					
学习任务		沥青延度试验						
评价项目	分值	评价对象得分						
沥青延度试验方法	5							
仪器设备	10							
试验步骤	30							
数据处理	15							
工作态度	10							
工作质量	10							
协调能力	5							
职业素质	5							
安全意识	5							
创新意识	5							
合计	100							

(3)教师对学生工作过程与结果进行评价,并将结果填入表6-8中。

表6-8 教师综合评价表

班级		姓名		学号	
学习任务		沥青延度试验			
评价项目	评价标准			分值	得分
沥青延度试验方法	能正确检测沥青延度			5	
仪器设备	正确使用仪器设备,熟悉其性能			10	
试验步骤	试验步骤符合规范要求			30	
数据处理	正确处理试验数据,评定结果			15	
工作态度	态度端正,无无故缺勤、迟到、早退现象			10	
工作质量	能按计划完成任务			10	
协调能力	与小组成员之间能合作交流、协调工作			5	
职业素质	能做到保护环境,爱护公共设施			5	
安全意识	做好安全防护,检查仪器设备,安全使用材料			5	
创新意识	通过阅读规范,能更好地完成沥青延度试验			5	
合计				100	
综合评价	自评(20%)	小组互评(30%)	教师评价(50%)	综合得分	

任务小结

任务三　沥青软化点试验

任务引入

沥青软化点是指沥青试件受热软化而下垂时的温度。试验有一定的设备和程序，不同沥青有不同的软化点。工程用沥青软化点不能太低或太高，否则夏季融化，冬季脆裂且不易施工。沥青软化点反映沥青黏度和高温稳定性及感温性。

任务目的

测定沥青的软化点，可以评定黏稠沥青的热稳定性。依据《沥青软化点测定 法环球法》(GB/T 4507—2014)。

《沥青软化点测定
法 环球法》
(GB/T 4507—2014)

任务分组

班级		组号		指导教师		
组长		学号				
组员	姓名	学号	姓名	学号	姓名	学号
任务分工						

获取信息

引导问题：什么是沥青软化点？

_____
_____
_____
_____
_____

相关知识

沥青软化点是评估沥青材料的热稳定性和可塑性的重要指标之一。它表示沥青在受热作用下开始软化和流动的温度。

软化点的数值表示沥青的热稳定性和可塑性。较高的软化点意味着沥青在高温下具有较好的稳定性,不容易软化和流动;而较低的软化点则表示沥青在较低温度下就会软化和流动。

软化点的数值可以用于判断沥青在不同环境条件下的应用性能。例如,在道路铺设中,需要选择具有适当软化点的沥青,以确保在高温夏季不会软化和变形,在低温冬季不会变脆和易碎。

实施步骤

一、主要仪器设备

(1)软化点试验仪(图6-1)具体组成部件如下:

①钢球。其直径为9.53 mm,质量为(3.5±0.05)g。

②试样环。由黄铜或不锈钢等制成。

③钢球定位环。由黄铜或不锈钢等制成。

④耐热玻璃烧环。其容量为800~1 000 mL,直径不小于86 mm,高不小于120 mm。

⑤温度计。其量程为0~80 ℃,分度为0.5 ℃。

⑥金属支架。其由两个主杆和3层平行的金属板组成,板上有两个孔,各放置金属环,中间有一个小孔可支持温度计的测温端部。

仪器设备

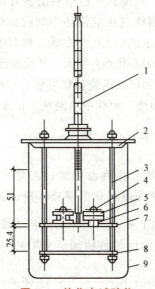

图6-1 软化点试验仪

1—温度计;2—上盖板;3—立杆;4—钢球;5—钢球定位环;
6—金属环;7—中层板;8—下底板;9—烧杯

141

(2)加热炉具。

(3)恒温水槽。控温的精确度为 0.5 ℃。

(4)平直刮刀。

(5)甘油滑石粉隔离剂(甘油与滑石粉用量的质量比为 2∶1)。

(6)新煮沸过的蒸馏水。

二、试验步骤

(1)试验准备。

1)涂隔离剂。将试样环(有槽口的面在下)置于涂有隔离剂的地板上。

2)灌模。将脱水、加热和过滤过的沥青试样注入试样环内,并略高出环面。若估计软化点高于 120 ℃,应将试样环和金属板预热至 80~100 ℃(不用玻璃板)。

3)冷却、刮平。试样在 15~30 ℃的空气中冷却 30 min 后,用环夹夹住试样环,用热刮刀刮去高出环面的试样,务必使试件表面和环面齐平。

4)试样恒温。

①对于估计软化点低于 80 ℃的试样,将试样环连同底板置于盛水的保温槽内,水温保持在(5±0.5)℃,恒温 15 min。

②对于估计软化点高于 80 ℃的试样,将试样环连同底板置于盛有甘油的保温槽内,甘油温度保持在(32±1)℃,恒温 15 min;同时,将钢球、钢球定位环及支架一并置于保温槽内保温。

(2)向烧杯中加入加热介质。在烧杯内倒入新沸煮并冷却至 5 ℃的蒸馏水或 32 ℃的甘油,液面深度略低于立杆上的深度印记。

(3)组装软化点仪。试验前要检查、调整支架的中层板与下层板的净距为 25.4 mm,下层板与烧杯底距离为 12.7~19 mm。从恒温水槽中取出盛有试样的试样环并将其放置在支架中层板的圆孔中,套上定位环,将钢球放在定位环中间的试样中央,然后将整个环架放入烧杯内,调整水面至深度标记,并保持水温(5±0.5)℃或甘油温度(32±1)℃,注意换加上任何部分均不得有气泡。将温度计由上层板中心孔垂直插入,并使端部测温头底部与试样环下表面齐平。

(4)加热。将盛有水(或甘油)和环架的烧杯移至放有石棉网的加热炉具上,立即开动振荡搅拌器,使水微微振荡,并开始加热,使杯中水温在 3 min 内维持每分钟上升(5±0.5)℃。

> **注意**
>
> 在加热过程中,应记录每分钟上升的温度值,在前 3 min 内务必调整升温速度在要求的范围内;3 min 后若温度上升速度超出此范围时,则试验应重做。

(5)读数。沥青受热逐渐软化下坠,至与下层底板表面接触时,立即读取温度,精确至 0.5 ℃(若传热介质为甘油,最后温度读数精确至 1 ℃)。

三、试验结果处理与分析

同一试样平行试验两次,当两次测定值的差值符合重复性试验精度要求时,取其平均值,精确至 0.5 ℃。

■ 四、试验记录表

将试验数据记入表 6-9 中。

表 6-9　沥青软化点试验数据记录表

试验名称：_____　　　　　　试验日期：_____年____月____日
气　　温：_____　　　　　　湿　　度：_____

试验次数	室内温度/℃	烧杯内被加热的液体种类	开始加热试件	开始加热液体温度/℃	烧杯中液体在下列各分钟末温度上升记录/℃							试样下垂与下层底板接触的温度/℃ 个别值		软化点/℃ 平均值
												1	2	
1														
2														
3														
4														
5														
6														
7														
8														

▍任务评价

（1）学生进行自我评价，并将结果填入表 6-10 中。

表 6-10　学生自评表

班级		姓名		学号	
学习任务	沥青软化点试验				
评价项目	评价标准			分值	得分
沥青软化点试验方法	能正确检测沥青软化点性能，并判别其是否符合要求			5	
仪器设备	正确使用仪器设备，熟悉其性能			10	
试验步骤	试验步骤符合规范要求			30	
数据处理	正确处理试验数据，评定结果			15	
工作态度	态度端正，无无故缺勤、迟到、早退现象			10	
工作质量	能按计划完成任务			10	
协调能力	与小组成员之间能合作交流、协调工作			5	
职业素质	能做到保护环境，爱护公共设施			5	
安全意识	做好安全防护，检查仪器设备，安全使用材料			5	
创新意识	通过阅读规范，能更好地完成沥青软化点性能试验			5	
合计				100	

(2)学生以小组为单位进行互评,并将结果填入表 6-11 中。

表 6-11 学生互评表

班级			小组				
	学习任务	沥青软化点性能试验					
	评价项目	分值	评价对象得分				
	沥青软化点性能试验方法	5					
	仪器设备	10					
	试验步骤	30					
	数据处理	15					
	工作态度	10					
	工作质量	10					
	协调能力	5					
	职业素质	5					
	安全意识	5					
	创新意识	5					
	合计	100					

(3)教师对学生工作过程与结果进行评价,并将结果填入表 6-12 中。

表 6-12 教师综合评价表

班级		姓名		学号	
	学习任务	沥青软化点性能试验			
评价项目	评价标准			分值	得分
沥青软化点性能试验方法	能正确检测沥青软化点性能,并判别其是否符合要求			5	
仪器设备	正确使用仪器设备,熟悉其性能			10	
试验步骤	试验步骤符合规范要求			30	
数据处理	正确处理试验数据,评定结果			15	
工作态度	态度端正,无无故缺勤、迟到、早退现象			10	
工作质量	能按计划完成任务			10	
协调能力	与小组成员之间能合作交流、协调工作			5	
职业素质	能做到保护环境,爱护公共设施			5	
安全意识	做好安全防护,检查仪器设备,安全使用材料			5	
创新意识	通过阅读规范,能更好地完成沥青软化点性能试验			5	
	合计			100	
综合评价	自评(20%)	小组互评(30%)	教师评价(50%)	综合得分	

任务小结

任务四　沥青防水卷材低温柔性试验

任务引入

防水卷材主要用于建筑墙体、屋面以及隧道、公路等场所，起到抵御外界雨水、地下水渗漏的一种可卷曲成卷状的柔性产品。作为工程基础与建筑物之间的无渗漏连接，它是整个工程防水的第一道屏障，对整个工程中起着至关重要的作用。

沥青防水卷材低温柔性试验可以评估卷材在低温环境下的性能，预测抗裂性能，指导材料选择和工程设计，提高工程质量，确保工程的可靠性和耐久性。

任务目的

沥青防水卷材低温柔性试验是评估沥青防水卷材在低温环境下的柔性和可塑性的试验方法之一，确定沥青防水卷材在低温条件下的抗裂性能和柔性指标。依据《建筑防水卷材试验方法 第 14 部分：沥青防水卷材 低温柔性》(GB/T 328.14—2007)。

《建筑防水卷材试验方法 第 14 部分：沥青防水卷材低温柔性》
(GB/T 328.14—2007)

任务分组

班级		组号		指导教师		
组长		学号				
组员	姓名	学号	姓名	学号	姓名	学号
任务分工						

获取信息

引导问题：什么是沥青防水卷材的低温柔性？

_____

_____

_____

_____

相关知识

沥青防水卷材低温柔性是指沥青防水卷材在低温环境下的柔性和可塑性能力。沥青防水卷材是一种常用的建筑材料,用于防止水分渗透和提供防水保护。在寒冷地区或冬季使用时,沥青防水卷材可能会受到低温的影响,因此其低温柔性成为一个重要的性能指标。

低温柔性试验用于评估沥青防水卷材在低温环境下的性能。试验通常通过将试样暴露于低温条件下,模拟实际使用环境,以观察和评估卷材的柔性和可塑性。

实施步骤

一、主要仪器设备

1. 低温制冷仪

低温制冷仪制冷温度为-30~0 ℃,控温精度为±2 ℃。

2. 半导体温度计

半导体温度计量程为-40~30 ℃,精度为0.5 ℃。

3. 柔度棒

柔度棒半径为15 mm、25 mm。

仪器设备

二、试验步骤

(1)试件制备。

①矩形试件的尺寸为(150±1)mm×(25±1)mm,试件从试样宽度方向上均匀地裁取,长边在卷材的纵向。试件裁取时应距卷材边缘不少于150 mm,试件应从卷材的一边开始做连续地记号,同时标记卷材地上表面和下表面。

②去除表面的任何保护膜,一种方法是常温下用胶带粘在上面,冷却到接近假设地冷弯温度,然后从试件上撕去胶带,此方法较适宜。另一种方法是用压缩空气吹(压力约0.5 MPa)。如果上述两种方法不能除去保护膜,可用火焰烤,以用最少的时间破坏膜而不损伤试件。

③试件试验前应在(23±2)℃的平板上放置至少4h,并且相互之间不能接触,也不能粘在板上(可以用硅纸垫)。试件表面的松散颗粒应用手轻轻敲打除去。

(2)在开始所有试验前,两个圆筒间的距离应按试件厚度调节,即弯曲轴直径+2 mm+两倍试件的厚度。然后将装置放入已冷却的液体中,并且圆筒的上端在冷冻液面下约10 mm,弯曲轴在下面的位置。弯曲轴的直径根据产品不同,可以为20 mm、30 mm、50 mm。

(3)冷冻液达到规定的试验温度,误差不超过0.5 ℃,试件放于支撑装置上,且在圆筒的上端,保证冷冻液完全浸没试件。试件放入冷冻液达到规定温度后,开始保持在该温度1 h±5 min。半导体温度计的位置靠近试件,检查冷冻液温度,然后试验。

(4)两组各5个试件,全部试件在规定的温度处理后,一组做上表面试验,另一组做下表面试验。试件放置在圆筒和弯曲轴之间,试验面朝上,然后设置弯曲轴以(360±

40)mm/min 速度顶着试件向上移动，试件同时绕轴弯曲。轴移动的终点在圆筒上面(30±1)mm 处。试件的表面明显露出冷冻液，同时液面也因此下降。

（5）在完成弯曲过程 10 s 内，在适宜的光源下用肉眼检查试件有无裂纹。必要时，用辅助光学装置帮助。假若有一条或更多的裂纹从涂盖层深入到胎体层，或完全贯穿无增强卷材，即存在裂缝。一组 5 个试件应分别试验检查。假若装置的尺寸满足，可同时试验几组试件。

■ 三、试验结果处理与分析

各试件上表面和下表面的试验结果要分别评定。一个试验面 5 个试件在规定温度条件下至少 4 个无裂缝为通过。

■ 四、试验记录表

将试验数据记入表 6-13 中。

表 6-13　沥青防水卷材低温柔性试验数据记录表

试验名称：_____　　　　　　　　试验日期：____年__月__日
气　　温：_____　　　　　　　　湿　　度：_____

上表面测定					
试件标号	1	2	3	4	5
表面裂缝					
低温柔性结论					
下表面测定					
试件标号	1	2	3	4	5
表面裂缝					
低温柔性结论					

任务评价

(1)学生进行自我评价,并将结果填入表 6-14 中。

表 6-14 学生自评表

班级		姓名		学号	
学习任务		沥青防水卷材低温柔性试验			
评价项目	评价标准			分值	得分
沥青防水卷材低温柔性试验方法	能正确检测沥青防水卷材低温柔性性能,并判别其是否符合要求			5	
仪器设备	正确使用仪器设备,熟悉其性能			10	
试验步骤	试验步骤符合规范要求			30	
数据处理	正确处理试验数据,评定结果			15	
工作态度	态度端正,无无故缺勤、迟到、早退现象			10	
工作质量	能按计划完成任务			10	
协调能力	与小组成员之间能合作交流、协调工作			5	
职业素质	能做到保护环境,爱护公共设施			5	
安全意识	做好安全防护,检查仪器设备,安全使用材料			5	
创新意识	通过阅读规范,能更好地完成沥青防水卷材低温柔性试验			5	
合计				100	

(2)学生以小组为单位进行互评,并将结果填入表 6-15 中。

表 6-15 学生互评表

班级			小组		
学习任务		沥青防水卷材低温柔性试验			
评价项目	分值	评价对象得分			
沥青防水卷材低温柔性试验方法	5				
仪器设备	10				
试验步骤	30				
数据处理	15				
工作态度	10				
工作质量	10				
协调能力	5				
职业素质	5				
安全意识	5				
创新意识	5				
合计	100				

(3)教师对学生工作过程与结果进行评价,并将结果填入表 6-16 中。

表 6-16 教师综合评价表

班级		姓名		学号	
学习任务		沥青防水卷材低温柔性试验			
评价项目		评价标准		分值	得分
沥青防水卷材低温柔性试验方法		能正确检测沥青防水卷材低温柔性性能,并判别其是否符合要求		5	
仪器设备		正确使用仪器设备,熟悉其性能		10	
试验步骤		试验步骤符合规范要求		30	
数据处理		正确处理试验数据,评定结果		15	
工作态度		态度端正,无无故缺勤、迟到、早退现象		10	
工作质量		能按计划完成任务		10	
协调能力		与小组成员之间能合作交流、协调工作		5	
职业素质		能做到保护环境,爱护公共设施		5	
安全意识		做好安全防护,检查仪器设备,安全使用材料		5	
创新意识		通过阅读规范,能更好地完成沥青防水卷材低温柔性试验		5	
		合计		100	
综合评价	自评(20%)		小组互评(30%)	教师评价(50%)	综合得分

任务小结

项目检测与拓展

思考题

1. 怎样划分沥青的牌号？牌号大小与沥青主要技术性质之间的关系怎样？
2. 沥青针入度试验是如何规定的？
3. 沥青的延度有何工程意义？

思考题答案

拓展知识

出淤泥而不染——超疏水材料

人们很早就知道，水滴很难在荷叶表面停留，荷叶对水存在排斥性，使水滴在其表面呈球状的特性，称为超疏水性。水滴在荷叶表面快速滚落的过程中会带走尘土和杂物，因此，荷叶总是能保持干净、整洁，做到"出淤泥而不染"。

在古代，人们就有利用超疏水材料的意识，油纸伞便是其中的产物。在伞面上铺就浸透天然桐油的宣纸，不仅可以减轻伞本身的重量，也达到了较好的疏水防雨效果。油纸伞盛行在水光潋滟的江南，"文化、历史、怀旧"，这些附着在油纸伞上美好而典雅的标签，凝聚着浓郁的古老华夏民族的符号意义。

科研人员将超疏水材料迁移到建筑墙体的防水上，附着了超疏水材料的墙体，上面的颗粒及液体污染物容易通过水流的作用被冲走，比普通墙面更干净，从而减少了人工打扫的成本，降低了能源的损耗。

人类在自然中获得灵感，从亭亭净植的荷叶，到撑着油纸伞的姑娘，再到我们生活中随处可见的建筑，超疏水材料的应用贯通古今，包罗万象，呈现出蓬勃的生命力。

附录　识读检测试验报告

　　查阅附录：识读检测试验报告文件夹，依次为：砂（细骨料）检测报告→碎（卵）石检测报告→水泥检测报告→混凝土抗压强度检测报告→砂浆抗压强度检测报告→钢材检测报告→沥青检测报告。

砂(细骨料)检测报告

质监号：			共1页 第1页
账号：			
见证号：	有见证送样		
委托人 严某		报告编号 K××	
委托单位 某市政建设有限公司		检测类别 有见证送样	
工程名称 某改造工程	委托日期 2023—09—20	建设单位 某市政建设有限公司	
样品状态 完好	工程地址 扬州兴宇建设工程有限公司	规格 中砂	
样品编号 sa23—××		检测日期 2023—××至2023—××	
监理单位 ××	施工单位 扬州兴宇建设工程有限公司	代表数量(吨) —	
材料产地 ××	品种 天然砂		
检测环境 温度 22℃	检测标准 《普通混凝土用砂、石质量及检验方法标准》(JGJ 52—2006)		
	结构部位 人行道铺装基础		

检测项目	检测结果	检测项目	检测结果	备注	检测结论
含泥量/%	1.3	紧密密度/(kg·m^{-3})	1490		样品经检验，按《普通混凝土用砂、石质量及检验方法标准》(JGJ 52—2006)规定，该砂为中砂，符合Ⅱ区级配，含泥量符合≥C60等级混凝土的规定，泥块含量符合≥C60等级混凝土的规定，氯离子含量符合规定的要求。样品紧密密度为 1 490 kg/m³
泥块含量/%	0.1	紧密密度空隙率/%	—		
细度模数	2.8	坚固性	—		
级配区	Ⅱ区	含水率/%	—		
表观密度/(kg·m^{-3})	—	吸水率/%	—		
堆积密度/(kg·m^{-3})	—	堆积密度空隙率/%	—		
总压碎指标/%	—	氯离子含量/%	0.003		
		贝壳含量	—		
亚甲蓝	—	硫化物及硫酸盐	—		
云母含量/%	—	有机物	—		
碱活性	—	轻物质	—		
石粉含量/%	—				

检测依据 《普通混凝土用砂、石质量及检验方法标准》(JGJ 52—2006)

检测设备 RT—028 ZBSX—92A 震击式标准振筛机，RT—039 YP50001 电子天平，RT—074 101A—3 电热恒温干燥箱，RT—172 JS15—05 电子天平，RT—319 2 mL移液管，RT—327 500 mL 容量瓶，RT—430 1 L容量筒，RT—450 (0.075~9.5)mm 新标准方孔砂筛，RT—460 101A—3 型电热鼓风干燥箱，RT—550 50 mL移液管，RT—551 25 mL棕色滴定管，RT—703 101A—3 电热恒温干燥箱

检测报告说明：1. 若对报告有异议，应于收到报告之日起十五日内，以书面形式提出本单位负责。2. 检测报告无试验、审核、负责人签字无效。3. 检测报告无本公司检验检测专用章和检测资质章无效。4. 送样检测，仅对来样负责。5. 检测报告复印和涂改无效。

报告日期：2023—××

检测单位：某工程质量检测有限公司

地 址：

电 话： 邮 编：

负责人： 审 核： 试 验：

上岗证号：

碎(卵)石检测报告

质监号：
账号：
见证人：张某某
见证号：

委托单位	某供电分公司	委托人	张某某	委托日期	2023-××
工程名称	某干伏线路工程	建设单位	某供电分公司	报告编号	K×××
工程地址	—	监理单位	某工程管理有限公司分公司	委托编号	2023-××
检测类别	有见证送样	施工单位	某有限公司	样品状态	完好
检测标准	《普通混凝土用砂、石质量及检验方法标准》(JGJ 52—2006)	样品编号	s23-××	品种	石子
规格	—	代表数量/t	—	材料产地	××
结构部位	基础工程	粒径/mm	5~16	检测日期	2023-×× 至 2023-××
检测设备	RT-021 WA-300B 电液式万能试验机，RT-027 (0.075~9.5)mm 砂套筛，RT-030 针片状规准仪，RT-074 101A-3 电热恒温干燥箱，RT-173 BS-30KA 电子天平，RT-412 10L 容量筒，RT-452 (2.36~90)mm 新标准方孔石子筛，RT-453 STSJ-3A 高频振筛机，RT-703 101A-3 电热恒温干燥箱，RT-768 Φ152 mm 石子压碎值测定仪，RT-868 100 kg 电子计重秤，RT-901 JY10001 电子天平				
检测环境	温度 22℃				

筛 分 析

检测项目	筛孔直径/mm								
	75.0	63.0	53.0	37.5	31.5	26.5	19.0	16.0	9.50	4.75	2.36
累计筛余/%	—	—	—	—	—	—	—	32	90	100

检测项目	检测结果	检测项目	检测结果
含泥量/%	0.4	表观密度/(kg·m⁻³)	2 720
泥块含量/%	0.0	堆积密度/(kg·m⁻³)	1 520
针片状颗粒含量/%	1	堆积密度空隙率/%	44
压碎值指标/%	8.6	含水率/%	0.1
坚固性/%	—	紧密密度/(kg·m⁻³)	1 600
吸水率/%	0.89	紧密密度空隙率/%	41
有机物	—	硫化物及硫酸盐（以 SO₃ 计，%）	—
碱活性	—		

检测结论：样品经检验，按《普通混凝土用砂、石质量及检验方法标准》(JGJ 52—2006) 的要求，该石子符合 5~16 mm 的连续粒级颗粒级配。压碎值指标满足 C60~C40 强度等级的配制要求，含泥量符合配置≥C60 强度等级混凝土的规定，泥块含量符合配置≥C60 强度等级混凝土的规定，针片状颗粒符合配置≥C60 强度等级混凝土的规定，该石子表观密度为 2 720 kg/m³，堆积密度为 1 520 kg/m³，紧密密度为 1 600 kg/m³，堆积密度空隙率为 44%，紧密密度空隙率为 41%，吸水率为 0.89%，含水率为 0.1%。

备注

检测报告说明：1. 若对报告有异议，应于收到报告之日起十五日内，以书面形式向本单位提出，逾期视为报告无异议。2. 检测报告无试验、审核、负责人签字无效。3. 检测报告无本公司检验检测专用章和检测资质章无效。4. 送样检测，仅对来样负责。5. 检测报告复印和涂改无效。

负责人： 　　　　审　核：　　　　试　验：

报告日期：2023-××
检测单位：某工程质量检测有限公司
地　址：
电　话：
上岗证号：　　　　　　　　　　　邮　编：

水泥检测报告

有见证送样

质证号：			
账号：			
见证人：			
见证号：			

委托单位：某地产开发有限公司	委托人：王某	报告编号：K××	共1页 第1页
工程名称：某地块房地产项目	委托编号：2022-××	工程地址：××	委托日期：2022-××-××
建设单位：某地产开发有限公司	检测类别：有见证送样	施工单位：某工程集团有限公司	
监理单位：某规划设计研究院有限责任公司	样品状态：完好	品种：普通硅酸盐水泥	
代表数量/t：500	生产厂家：某水泥有限公司	样品编号：sn22-××	
进厂日期：2022-××-××	出厂日期：2022-××-××	出厂批号：F××	
检测环境：温度20.2℃，湿度53%	强度等级：42.5	检测日期：2023-××-×× 至 2023-××-××	
检测标准：《通用硅酸盐水泥》(GB 175—2007)		结构部位：××	

项目	检测结果	技术要求	单项判定
安定性（雷氏法）/mm	0.5	≤5	合格
细度/%	—	—	—
标准稠度用水量/%	29.0	—	—
比表面积/(m²·kg⁻¹)	342	≥300	合格
凝结时间 初凝/min	252	≥45	合格
凝结时间 终凝/min	309	≤600	合格
水胶比	—	—	—
密度/(g·cm⁻³)	3.03	—	—
烧失量	—	—	—
保水率	—	—	—

项目		龄期	单个试件抗折强度值/MPa	抗折强度/MPa	抗折强度指标/MPa	单个试件抗压强度值/MPa	抗压强度/MPa	抗压强度指标/MPa	单项判定	检测结论	备注
强度		3d	4.1	4.0	≥3.5	14.0 / 17.6	17.8	≥17.0	合格	样品经检验，强度、安定性、凝结时间、比表面积符合《通用硅酸盐水泥》(GB 175—2007)标准规定的通用硅酸盐水泥42.5级的要求，标准稠度用水量为29.0%，密度为3.03 g/cm³	1. 水泥试样品在试验前已贮存在容器里且此容器不与水泥发生反应，试验前水泥试样品已混合均匀。2. 比试验：温度19.7℃，湿度45%
			4.0 / 3.9			17.2 / 18.5					
		28d	7.3	7.4	≥6.5	49.4 / 49.1	48.5	≥42.5	合格		
			7.2 / 7.7			49.0 / 47.9					
						46.9 / 48.6					

检测设备：RT-003 ZT-96 胶砂试体成型振实台、RT-004 HYL-300B 恒加荷压力试验机、RT-006 JA/YP10001 电子天平、RT-007YH-40B 标准恒温恒湿养护箱、RT-008 SBY-2 水泥试件水养护箱、RT-009 NJ-160B 水泥净浆搅拌机、RT-010 ISO标准比表面积仪、RT-011 FZ-31A 沸煮箱、RT-012 LD-50 雷氏夹测定仪、RT-034 250 mL 李氏比重瓶、RT-035 250 mL 李氏比重瓶、RT-052 JA/YP2002 电子天平、RT-074 101A-3 电热恒温干燥箱、RT-117 FA2004 电子天平、RT-458 JJ-5型水泥胶砂搅拌机、RT-590 FBT 全自动比表面积仪、RT-869 LME-LSP2000 李氏瓶水泥密度测定仪

检测依据：《水泥胶砂强度检验方法(ISO法)》(GB/T 17671—2021)；《水泥标准稠度用水量、凝结时间、安定性检验方法》(GB/T 1346—2011)；《水泥比表面积测定方法勃氏法》(GB/T 8074—2008)；《水泥密度测定方法》(GB/T 208—2014)

检测报告说明：1. 若对报告有异议，应于收到报告之日起十五日内，以书面形式向本单位提出，逾期视为报告无异议。2. 检测报告无本公司检验检测专用章和检测资质章无效。3. 检测报告无骑缝章无效。4. 送样检测，仅对来样负责。5. 检测报告复印和涂改无效。

报告日期：2023-××-××
检测单位：某工程质量检测有限公司
地　址：
电　话：　　邮　编：

试　验：
审　核：
负责人：
上岗证号：

混凝土抗压强度检测报告

有见证送样

委托人	胡某	委托日期	2023—×××
工程名称	某房地产开发项目二期工程	工程地址	—
建设单位	某置业有限公司	监理单位	某工程监理有限公司
施工单位	某建设有限公司	样品状态	完好
生产厂家	××	检测依据	《普通混凝土力学性能试验方法标准》(GB/T 50081—2019)
检测日期	2023—×××至2023—×××—××	检测环境	温度18℃，湿度60%
检测设备	RT-026 300mm钢直尺、RT-753 YAW—2000S型恒加载压力试验机、RT-047 JES—2000A压力试验机		

共1页第1页　报告编号　K×× 　委托编号 2023—×× 　检测类别 有见证送样 　品种 混凝土抗压 　检测说明 —

任务单编号	楼层及部位	养护条件	是否拆模	设计强度等级	规格/mm	试压日期	制作日期	龄期/d	累计养护温度/℃	代表数量/方	破坏荷载/kN	抗压强度/MPa 单块值	抗压强度/MPa 代表值	备注
hn23—××	2#楼基础筏板承台及周边地库	标养	否	C30	150×150×150	2023—04—06	2023—03—09	28	—	—	856.5	38.1	40.9	—
											978.4	43.5		
											925.3	41.1		
hn23—××	2#楼基础筏板承台及周边地库	标养	否	C30	150×150×150	2023—04—06	2023—03—09	28	—	—	945.3	42.0	40.9	—
											928.2	41.3		
											887.2	39.4		
hn23—××	2#楼基础筏板承台及周边地库	标养	否	C30	150×150×150	2023—04—06	2023—03—09	28	—	—	1027	45.6	45.1	—
											1008	44.8		
											1012	45.0		
hn23—××	2#楼基础筏板承台及周边地库	标养	否	C30	150×150×150	2023—04—06	2023—03—09	28	—	—	1010	44.9	44.6	—
											1004	44.6		
											999.4	44.4		

备注：依据苏建质监〔2009〕6号文件要求，混凝土强度小于85%标准强度备注为"不合格"；混凝土强度85%～95%标准强度或大于4个等级备注为"异常"。

检测报告说明：1. 若对报告有异议，应于收到报告之日起十五日内，以书面形式向本单位提出。2. 检测报告无试验、审核、负责人签字无效。3. 检测报告无本公司检验检测专用章和检测资质章无效。4. 送样检测，仅对来样负责。5. 检测报告复印和涂改无效。

报告日期：2023—××
检测单位：某工程质量检测有限公司
地　址：
电　话：　邮　编：

负责人：　　　审　核：　　　试　验：
上岗证号：

砂浆抗压强度检测报告

质监号:		
账号:		
见证人:		有见证送样
见证证号:		

委托单位 某置业有限公司
工程名称 某建设工程
建设单位 某置业有限公司
施工单位 某集团有限公司
检测日期 2023-××至2023-××
检测依据 《建筑砂浆基本性能试验方法标准》(JGJ/T70—2009)
检测设备 RT-168 JES-300压力试验机,RT-260游标卡尺

委托人 徐某 委托日期 2023-×××-××
委托编号 2023-003176
检测类别 有见证送样
监理单位 某建设工程监理有限公司
检测环境 温度18℃,湿度60%
生产厂家 ××

报告编号 K02410452300575
工程地址 ——
样品状态 完好

共1页 第1页

任务单编号	品种	砌筑楼层或部位	代表数量	设计强度等级	制作日期	试压日期	护件养条	龄期/d	破坏荷载/kN	抗压强度/MPa 单块值	抗压强度/MPa 代表值	判定
sj23-××	砂浆试块	二层1-9/H-R轴腰梁以下墙体	5	M5	2023-06-24	2023-07-22	标养	28	39.12	10.6	10.4	合格
									40.13	10.8		
									36.40	9.8		
sj23-××	砂浆试块	三层1-9/A-H轴腰梁以上墙体	5	M5	2023-06-24	2023-07-22	标养	28	38.87	10.5	10.9	合格
									41.71	11.3		
									40.35	10.9		
—	—	—	—	—	—	—	—	—	—	—	—	—

检测说明:依据苏建质监[2009]6号文要求,砂浆强度小于标准强度75%判定不合格,大于75%且小于标准强度或大于3个等级的判定为异常。

检测报告说明:1.若对报告有异议,应于收到报告之日起十五日内,以书面形式向本单位提出,逾期视为报告无异议。2.检测报告无试验、审核、负责人签字无效。3.检测报告无本公司检验检测专用章和检测资质章无效。4.送样检测,仅对来样负责。5.检测报告复印和涂改无效。

试　验:　　　　　审　核:　　　　　　

报告日期:2023-××
检测单位:某工程质量检测有限公司
地　址:
电　话:　　　　　邮　编:

负责人:
上岗证号:

钢材检测报告

质监号：	共1页 第1页
见证人： 王某	报告编号 K×××
见证证号：	委托日期 2023-×-××
委托单位 某地产开发有限公司	委托编号 2023-××
工程名称 某地块房地产项目	检测类别 有见证送样
工程地址	样品状态 完好
监理单位 某集团有限公司	检测日期 2023-×-×× 至 2023-×-××
施工单位 某工程集团有限公司	检测环境 温度20℃
检测标准 《钢筋混凝土用钢 第2部分：热轧带肋钢筋》(GB/T 1499.2—2018)	
检测依据 《钢筋混凝土用钢材试验方法》(GB/T 28900—2022)	
检测设备 RT-021 WA-300B电液式万能试验机，RT-022 300mm游标卡尺，RT-024 LB-40连续式标点卡尺，RT-171 BS-30KA电子天平，RT-441 STHX-2A电热鼓风干燥箱，RT-490钢筋弯曲试验机，RT-808 WA-1000C-1微机控制钢绞线万能试验机，RT-602 钢卷尺	
品种 普通热轧钢筋	调直情况 —

任务单编号	种类	牌号级别	规格/mm	计算面积/mm²	实测屈服强度与屈服强度标准值比	强屈比	拉伸 屈服强度/MPa	拉伸 抗拉强度/MPa	断后伸长率A/%	最大力总延伸率/%	弯曲试验	反向弯曲试验	重量偏差/%	代表数量/t	生产厂家炉号批号	结构部位	检测结论
gj23-00520	普通热轧钢筋	HRB400E	16	201.1	1.13	1.38	450	620	—	16.3	—	无裂纹	-2.8	60	××-C302282 440	A-1#~A-5#，B-1#楼，B-10#楼，人防地下室	样品经检验，拉伸性能、反向弯曲性能、重量偏差符合《钢筋混凝土用钢》(GB/T 1499.2—2018)标准规定的要求。依据《混凝土结构通用规范》(GB 55008—2021)所检参数适用于抗震设防要求的结构
					1.14	1.36	455	620	—	17.3	—						
gj23-00521	普通热轧钢筋	HRB400E	18	254.5	1.13	1.39	450	625	—	17.3	—	无裂纹	-2.6	20.0	××-B302241 142	A-1#~A-5#，B-1#楼，B-10#楼，人防地下室	样品经检验，拉伸性能、反向弯曲性能、重量偏差符合《钢筋混凝土用钢》(GB/T 1499.2—2018)标准规定的要求。依据《混凝土结构通用规范》(GB 55008—2021)所检参数适用于抗震设防要求的结构
					1.14	1.38	455	630	—	17.3	—			51			
gj23-00522	普通热轧钢筋	HRB400E	20	314.2	1.07	1.42	430	610	—	18.3	—	无裂纹	-2.1	29.8	××-B302281 239	A-1#~A-5#，B-1#楼，B-10#楼，人防地下室	样品经检验，拉伸性能、反向弯曲性能、重量偏差符合《钢筋混凝土用钢》(GB/T 1499.2—2018)标准规定的要求。依据《混凝土结构通用规范》(GB 55008—2021)所检参数适用于抗震设防要求的结构
					1.07	1.41	430	605	—	18.3	—			65			
gj23-00523	普通热轧钢筋	HRB400E	22	380.1	1.09	1.45	435	630	—	17.3	—	无裂纹	-2.0	29.8	××-C302222 090	A-1#~A-5#，B-1#楼，B-10#楼，人防地下室	样品经检验，拉伸性能、反向弯曲性能、重量偏差符合《钢筋混凝土用钢》(GB/T 1499.2—2018)标准规定的要求。依据《混凝土结构通用规范》(GB 55008—2021)所检参数适用于抗震设防要求的结构
					1.09	1.45	435	630	—	18.3	—			65			

备注：
检测报告说明：1. 若对报告有异议，应于收到报告之日起十五日内以书面形式向本单位提出，逾期视为报告无异议。2. 检测报告无试验审核、负责人签字无效。3. 检测报告无本公司检验检测专用章和检测资质章无效。4. 送检试样未样负责。5. 检测报告复印和涂改无效。

试验：　　　　审核：　　　　　　　　　　　　　　　（检测单位检验检测专用章）

负责人：　　　　　　　　　　　　　　　　　　　　报告日期：2023-×-××
上岗证号：　　　　　　　　　　　　　　　　　　　检测单位：某工程质量检测有限公司
　　　　　　　　　　　　　　　　　　　　　　　　地　　址：
　　　　　　　　　　　　　　　　　　　　　　　　电　　话：　　　　　　　　　　邮　编：

沥青检测报告

		有见证送样				共1页 第1页

质监号：
账号：
见证人：
见证证号：

委托单位	某建工程有限公司	委托人	陈莉	报告编号	K××
工程名称	某油库工程	委托编号	2023-××	工程地址	
建设单位	某石油公司分公司	检测类别	有见证送样	施工单位	某建工程有限公司
监理单位	某有限责任公司	样品状态	完好	品种	SBS改性沥青
检测标准	《公路沥青路面施工技术规范》(JTG F40—2004)	样品编号	lq23-××	检测日期	2023-××至2023-××
沥青ားา号	I-D	初检/复检	初检	结构部位	沥青混凝土面层
		生产厂家	××	检测环境	温度25℃

检测设备 RT-069 RHT0604 电脑沥青针入度测定仪、RT-070 RHT0606 软化点仪、RT-071 RHT-0605 低温液晶显示延伸度测定仪、RT-089 101A-3 电热恒温干燥箱、RT-111 HY-009 秒表

检测项目	技术指标	检测数据	单项评定	检测项目	技术指标	检测数据	单项评定
针入度(0.1 mm)	40~60	50	合格	溶解度	—	—	—
延度/cm	≥20	53	合格	质量变化	—	—	—
软化点/℃	≥60	66.0	合格	破乳速度	—	—	—
蒸发损失	—	—	—	粒子电荷	—	—	—
薄膜加热试验	—	—	—	筛上残留物	—	—	—
脆点	—	—	—	黏度	—	—	—
燃点	—	—	—	与粗骨料的黏附性	—	—	—
闪点	—	—	—	与粗、细骨料的拌合性	—	—	—
储存稳定性	—	—	—	蜡含量	—	—	—
蒸发残留物	—	—	—	相对密度	—	—	—
密度	—	—	—				
检测结论	样品经检验，所检项目符合标准《公路沥青路面施工技术规范》(JTG F40—2004)的要求						
备注							

检测报告说明：1. 若对报告有异议，应于收到报告之日起十五日内，以书面形式向本单位提出，逾期视为报告无异议。2. 检测报告无试验、审核、负责人签字无效。3. 检测报告无本公司检验检测专用章和检测资质章无效。

负责人：　　　　　审核：　　　　　试验：　　　　　报告日期：2023-××　　　　　检测单位：某工程质量检测有限公司
上岗证号：　　　　　　　　　　　　　　　　　　　　　　　　　　　　　　　地址：
　　　　　　　　　　　　　　　　　　　　　　　　　　　　　　　　　　　　电话：　　　　　邮编：

参考文献

[1] 王春阳. 建筑材料[M]. 3 版. 北京：高等教育出版社，2013.

[2] 陈桂萍. 建筑材料[M]. 北京：北京邮电大学出版社，2014.

[3] 严峻. 建筑材料[M]. 2 版. 北京：机械工业出版社，2014.

[4] 魏鸿汉. 建筑材料[M]. 6 版. 北京：中国建筑工业出版社，2022.

[5] 钱晓倩，金南国，孟涛. 建筑材料[M]. 2 版. 北京：中国建筑工业出版社，2019.

[6] 国家标准化管理委员会. GB/T8170—2008 数值修约规则与极限数值的表示和判定[S]. 北京：中国标准出版社，2008.

[7] 中华人民共和国国家标准质量监督检验检疫总局，中国国家标准化管理委员会. GB/T1345—2005 水泥细度检验方法筛析法[S]. 北京：中国标准出版社，2005.

[8] 中华人民共和国国家市场监督管理总局，中国国家标准化管理委员会. GB/T1346—2011 水泥标准稠度用水量、凝结时间、安定性检验方法[S]. 北京：中国标准出版社，2011.

[9] 国家市场监督管理总局，国家标准化管理委员会. GB/T17671—2021 水泥胶砂强度检验方法(ISO 法)[S]. 北京：中国标准出版社，2021.

[10] 国家市场监督管理总局，国家标准化管理委员会. GB/T14684—2022 建设用砂[S]. 北京：中国标准出版社，2022.

[11] 国家市场监督管理总局，国家标准化管理委员会. GB/T14685—2022 建设用卵石、碎石[S]. 北京：中国标准出版社，2022.

[12] 中华人民共和国住房和城乡建设部. GB/T50080—2016 普通混凝土拌合物性能试验方法标准[S]. 北京：中国建筑工业出版社，2016.

[13] 中华人民共和国住房和城乡建设部，国家市场监督管理总局. GB/T50081—2019 混凝土物理力学性能试验方法标准[S]. 北京：中国建筑工业出版社，2019.

[14] 国家市场监督管理总局，国家标准化管理委员会. GB/T228.1—2010 金属材料拉伸试验第 1 部分：室温试验方法[S]. 北京：中国标准出版社，2021.

[15] 中华人民共和国国家市场监督管理总局，中国国家标准化管理委员会. GB/T328.6—2007 建筑防水卷材试验方法第 6 部分：沥青防水卷材长度、宽度和平直度[S]. 北京：中国标准出版社，2007.